高职化工类
模块化系列教材

PX芳烃一体化装置操作

张　颖　主　编

高雪玲　李　烁　副主编

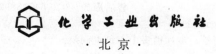

化学工业出版社

·北京·

内 容 简 介

　　《PX芳烃一体化装置操作》借鉴了德国职业教育"双元制"教学的特点，以模块化教学的形式进行编写。全书包含认识对二甲苯（PX）及其生产工艺、歧化装置操作、吸附分离装置操作以及其他工艺认知与操作四个模块，介绍了对二甲苯的基本知识和生产工艺，重点介绍歧化装置生产和吸附分离装置分离对二甲苯的操作。这两套装置；采用仿真工厂设计，让学生在外操与内操的配合中体验装置的真实操作过程，实现企业需求与专业知识的无缝对接。通过本书的学习，学生可以达到企业准员工的专业要求，为将来胜任一线岗位工作奠定基础。

　　本书可作为高等职业院校化工技术类专业教材。

图书在版编目（CIP）数据

PX芳烃一体化装置操作/张颖主编；高雪玲，李烁
副主编. —北京：化学工业出版社，2023.1
高职化工类模块化系列教材
ISBN 978-7-122-42472-3

Ⅰ.①P…　Ⅱ.①张…②高…③李…　Ⅲ.①芳香族
烃-化工设备-操作-高等职业教育-教材　Ⅳ.①TQ241

中国版本图书馆 CIP 数据核字（2022）第 206537 号

责任编辑：王海燕　提　岩　　　　　文字编辑：姚子丽　师明远
责任校对：张茜越　　　　　　　　　　装帧设计：王晓宇

出版发行：化学工业出版社（北京市东城区青年湖南街 13 号　邮政编码 100011）
印　　刷：北京云浩印刷有限责任公司
装　　订：三河市振勇印装有限公司
787mm×1092mm　1/16　印张 9½　字数 218 千字　插页 1　2023 年 4 月北京第 1 版第 1 次印刷

购书咨询：010-64518888　　　　　　售后服务：010-64518899
网　　址：http://www.cip.com.cn
凡购买本书，如有缺损质量问题，本社销售中心负责调换。

定　　价：29.80 元　　　　　　　　　　　　　　　　　版权所有　违者必究

高职化工类模块化系列教材
编 审 委 员 会 名 单

顾　　　问：于红军

主 任 委 员：孙士铸

副主任委员：刘德志　辛　晓　陈雪松

委　　　员：李萍萍　李雪梅　王　强　王　红

　　　　　　韩　宗　刘志刚　李　浩　李玉娟

　　　　　　张新锋

序

目前，我国高等职业教育已进入高质量发展时期，《国家职业教育改革实施方案》明确提出了"三教"（教师、教材、教法）改革的任务。三者之间，教师是根本，教材是基础，教法是途径。东营职业学院石油化工技术专业群在实施"双高计划"建设过程中，结合"三教"改革进行了一系列思考与实践，具体包括以下几方面：

1. 进行模块化课程体系改造

坚持立德树人，基于国家专业教学标准和职业标准，围绕提升教学质量和师资综合能力，以学生综合职业能力提升、职业岗位胜任力培养为前提，持续提高学生可持续发展和全面发展能力。将德国化工工艺员职业标准进行本土化落地，根据职业岗位工作过程的特征和要求整合课程要素，专业群公共课程与专业课程相融合，系统设计课程内容和编排知识点与技能点的组合方式，形成职业通识教育课程、职业岗位基础课程、职业岗位课程、职业技能等级证书（1＋X证书）课程、职业素质与拓展课程、职业岗位实习课程等融理论教学与实践教学于一体的模块化课程体系。

2. 开发模块化系列教材

结合企业岗位工作过程，在教材内容上突出应用性与实践性，围绕职业能力要求重构知识点与技能点，关注技术发展带来的学习内容和学习方式的变化；结合国家职业教育专业教学资源库建设，不断完善教材形态，对经典的纸质教材进行数字化教学资源配套，形成"纸质教材＋数字化资源"的新形态一体化教材体系；开展以在线开放课程为代表的数字课程建设，不断满足"互联网＋职业教育"的新需求。

3. 实施理实一体化教学

组建结构化课程教学师资团队，把"学以致用"作为课堂教学的起点，以理实一体化实训场所为主，广泛采用案例教学、现场教学、项目教学、讨论式教学等行动导向教学法。教师通过知识传授和技能培养，在真实或仿真的环境中进行教学，引导学生将有用的知识和技能通过反复学习、模仿、练习、实践，实现"做中学、学中做、边做边学、边学边做"，使学生将最新、最能满足企业需要的知识、能力和素养吸收、固化成为自己的学习所得，内化于心、外化于行。

本次高职化工类模块化系列教材的开发，由职教专家、企业一线技术人员、专业教师联合组建系列教材编委会，进而确定每本教材的编写工作组，实施主编负责制，结合化工行业企业工作岗位的职责与操作规范要求，重新梳理知识点与技能点，把职业岗位工作过程与教学内容相结合，进行模块化设计，将课程内容按知识、能力和素质，编排为合理的课程模块。

本套系列教材的编写特点在于以学生职业能力发展为主线，系统规划了不同阶段化工类专业培养对学生的知识与技能、过程与方法、情感态度与价值观等方面的要求，体现了专业教学内容与岗位资格相适应、教学要求与学习兴趣培养相结合，基于实训教学条件建设将理论教学与实践操作真正融合。教材体现了学思结合、知行合一、因材施教，授课教师在完成基本教学要求的情况下，也可结合实际情况增加授课内容的深度和广度。

本套系列教材的内容，适合高职学生的认知特点和个性发展，可满足高职化工类专业学生不同学段的教学需要。

高职化工类模块化系列教材编委会

2021 年 1 月

前言

对二甲苯（PX）装置附属于芳烃联合装置，芳烃联合装置是化纤工业的核心原料装置之一，它以直馏油、加氢裂化石脑油或裂解汽油为原料，生产苯、对二甲苯和邻二甲苯等芳烃产品。芳烃联合装置通常包括催化重整、芳烃抽提、二甲苯分离、歧化及烷基转移、吸附分离和二甲苯异构化等装置。

本书主要介绍对二甲苯及其生产工艺，对二甲苯的生产选用歧化装置，对二甲苯的分离选用吸附分离装置。这两套装置，采用仿真工厂设计，让学生在外操与内操的配合中体验装置的真实操作过程，在生产过程中引入化工安全操作，让学生学会查找装置的隐患，紧密结合当下企业双体系建设的现状，真正实现企业需求和专业知识的无缝对接。通过本书的学习，学生可以达到企业准员工的专业要求，为将来胜任一线岗位工作奠定基础。

本书由东营职业学院张颖担任主编，高雪玲、李烁担任副主编，向玉辉、蒋麦玲、董栋栋参与编写，东营职业学院李萍萍主审。其中，模块一由李烁编写，模块二由高雪玲、向玉辉编写，模块三由蒋麦玲、董栋栋编写，模块四由张颖编写。本书在编写过程中得到了秦皇岛博赫科技开发有限公司和北京东方仿真软件技术有限公司的大力支持，在此一并表示感谢。由于编者水平所限，书中不足之处在所难免，欢迎广大读者指正。

编者

2022 年 6 月

目录

二维码数字资源一览表

模块一

认识 PX 及其生产工艺

目前我国纺织业的生产原料 1/4 来自天然纤维，3/4 来自合成纤维（也称化纤），而合成纤维正是芳烃产业链上重要的产品之一。全球对二甲苯（简称 PX）消费量中超过 99% 用于生产对苯二甲酸（简称 PTA），PTA 是石化行业的末端产品，是聚酯化纤行业的前端产品。PTA 消费量中超过 98% 用于生产聚对苯二甲酸乙二醇酯（简称聚酯，PET），PET 主要用于生产化纤（又称涤纶），制成薄膜，也可作为塑料制成各种瓶子等。可以说，芳烃与人们的日常生活密切相关。

任务
了解 PX 的性质及典型生产工艺

任务描述

PX作为炼油和化工的桥梁，既是芳烃产业中最重要的产品，也是聚酯产业的龙头原料。随着我国纺织行业的高速发展，国内市场对PX的需求大幅增长，作为PX的消费大国，我们有必要了解PX的性质和生产工艺。

任务目标

知识目标

（1）掌握PX的物理和化学性质；

（2）了解PX的用途；

（3）了解PX的生产工艺。

技能目标

（1）能够根据任务需求进行信息检索与处理；

（2）能够理解芳烃联合装置的工艺流程。

素质目标

（1）通过资料查阅、信息检索和加工，培养获得新技术、新工艺等自我学习的能力；

（2）培养认真负责、严谨细致的科学态度；

（3）不断增强专业能力，提升自身的专业素养。

一、芳烃产业链简介

芳烃产业链包括前端的苯、甲苯、二甲苯等大宗基础化工原料，中段的苯酚、己二酸、己内酰胺、甲苯二异氰酸酯、对苯二甲酸等芳烃衍生物类中间体，终端的聚碳酸酯、聚酰胺、聚氨酯、聚酯等材料，还包括后续的材料改性。芳烃代表着一个国家的石油化工技术水平，PX 则是芳烃生产中用量最大的产品。

二、我国 PX 行业发展历程

多年来，随着人民生活水平的提高，以及对服装等纺织品需求量的增长，我国对 PX 需求旺盛。由于我国 PX 行业起步较晚，产业链呈上游慢、下游快的发展态势，供需"剪刀差"明显。行业发展主要经历了启蒙期、探索期、快速发展期三个阶段（见图 1-1-1），特别是从 2019 年起，我国 PX 产能步入高速发展阶段，两年内新增产能 1232 万吨/年，其中大部分产能来自下游民营企业的炼化一体化。

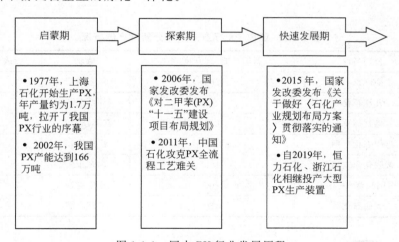

图 1-1-1　国内 PX 行业发展历程

三、PX 行业市场概况

PX 产能主要分布区域为非洲、东北亚和中东的沙特阿拉伯等，其中亚洲产能明显高于其他地区。近年来，全球 PX 产业集中投资，产能扩张迅速，2021 年，世界 PX 总产能为 6710 万吨，产量为 5232 万吨，装置平均开工率为 78%。按产能计，2021 年世界前十位 PX 生产企业产能合计占世界总产能的 55.4%。

受益于我国政府利好政策的出台，鼓励大型 PX 等高端石化产品生产项目的新建与落地，以及下游需求的持续增长和石化企业的积极布局，我国 PX 产能急剧增加，产量明显提升。2021 年我国典型 PX 生产企业概况见表 1-1-1。2021 年，国内 PX 总产能达到 2926 万吨。恒力石化和浙江石化两套超大型对二甲苯装置投产，体现了民营 PTA 企业实施一体化的举措。我国 PX 产业呈竞争激烈、主体多元的特点。2021 年，国内 PX 产量为 2265 万吨，开工率将近八成。近年来我国 PX 进口量逐年递增，并且不断创出新高，不过 2019 年 PX 新产能投放较多，2019 年进口量首次出现回落。2021 年对二甲苯行业开工率较高，进口依存度进一步减少至 28%。

表 1-1-1 2021 年我国典型 PX 生产企业概况

序号	企业名称	产能/（万吨/年）	归属集团
1	浙江石化	880	浙江石化
2	恒力石化	450	恒力集团
3	中金石化	160	荣盛集团
4	福海创	160	福建联合
5	福佳大化	140	福佳集团、大化集团
6	青岛丽东	100	韩国 GS、阿曼、青岛红星
7	乌鲁木齐石化	100	中国石油

国内 PX 行业未来部分新增产能概况见表 1-1-2。随着中国石油广东石化、盛虹炼化、中海油惠州石化、威联化学二期等在建或规划 PX 装置陆续投产，行业供应过剩问题将逐渐显现。

表 1-1-2 国内 PX 行业未来部分新增产能概况

序号	公司名称	新增产能/（万吨/年）	地址	预计投产时间
1	中委广东石化	260	广东揭阳	2022 年
2	九江石化	90	江西九江	2022 年
3	盛虹炼化	280	江苏连云港	2022 年
4	惠州炼化二期	150	广东惠州	2022 年
5	威联化学二期	100	山东东营	2022 年
6	中国兵器/阿美	200	辽宁盘锦	2024 年
7	大榭石化	160	浙江宁波	2024 年

任务实施

活动 1：填写 PX 性质表

查阅资料，完成 PX 性质表 1-1-3。

表 1-1-3　PX 物理和化学性质表

标识	中文名：		英文名：		危规号：
	分子式：		分子量：		UN 号：
	危险性类别：				CAS 号：
理化性质	外观与性状：				
	溶解性：				
	熔点/℃：		临界温度/℃：		相对密度（水为1）：
	沸点/℃：		临界压力/MPa：		燃烧热/（kJ/mol）：
	最小引燃能量：		闪点/℃：		爆炸极限/%：

注：危规号即为危险货物编号。

📖 **学一学**

PX 的物理和化学性质

　　PX 为无色透明液体，具有甜味，有芳香气味。不溶于水，但溶于酒精、醚类、酮类、氯仿、苯等有机溶剂。其易结晶，运输条件要求相对苛刻。其球棍模型和结构式如图 1-1-2 所示。

蒸气压（25℃）：1.16kPa；

熔点：13.263℃；

闪点：25℃；

沸点：138.37℃；

外观：无色液体，低温时成无色片状或棱柱体结晶；

相对密度（水为1）：0.8611；

爆炸极限：1.1%～7.0%。

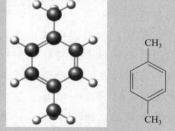

图 1-1-2　PX 球棍模型和结构式

活动 2：对致癌物质进行分类

请猜猜看，下列哪些是一类致癌物质？

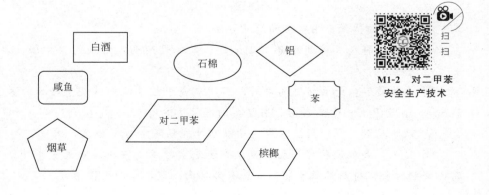

M1-2　对二甲苯
安全生产技术

学一学

一、 PX 储存与运输注意事项

（1）储存注意事项　储存于阴凉、通风的库房。远离火种、热源。库温不宜超过30℃，保持容器密封。应与氧化剂分开存放。采用防爆型照明、通风设施。禁止使用易产生火花的机械设备和工具。

（2）运输注意事项　本品铁路运输时限使用钢制罐车装运，装运前需报相关部门批准。运输车辆应配备相应品种和数量的消防器材及泄漏应急处理设备。运输时所用槽车应有接地链。严禁与氧化剂、食用化学品等混装混运。运输途中应防曝晒、雨淋，防高温。中途停留时应远离火种、热源、高温区。装运该物品的车辆排气管必须配备阻火装置，禁止使用易产生火花的机械设备和工具装卸。公路运输时要按规定路线行驶，勿在居民区和人口稠密区停留。铁路运输时要禁止溜放。严禁用木船、水泥船散装运输。

二、 PX 健康危害与急救方法

在世界卫生组织旗下的国际癌症研究机构（IARC）的可能致癌因素分类中，PX 被归为第三类致癌物，即缺乏对人体致癌证据的物质，按照一般标准，PX 不属于高危高毒产品。PX 对眼及上呼吸道有刺激作用，高浓度时对中枢神经系统有麻醉作用。急性中毒：短期内吸入较高浓度 PX 可出现眼及上呼吸道明显的刺激症状、眼结膜充血、头晕、头痛、恶心、呕吐、胸闷、四肢无力、意识模糊、步态蹒跚。严重者出现躁动、抽搐或昏迷。慢性影响：长期接触易患神经衰弱综合征，常发生皮肤干燥、皲裂、皮炎。

应密闭生产，加强通风。空气中 PX 浓度超标时，佩戴过滤式防毒面具。戴化学安全防护眼镜，注意保护眼睛。穿防毒物渗透工作服，戴橡胶耐油手套，加强身体防护。在工作现场禁止吸烟、进食和饮水。典型防护用具见图 1-1-3。

(a)防毒面具　　　　　(b)防护眼镜　　　　　(c)橡胶手套

图 1-1-3　典型防护用具

根据不同的情景采用对应的急救方法：

① 吸入：将人员移到新鲜空气处，如果呼吸衰弱，用氧气救生器，以实施人工呼吸，并立刻送医治疗。

② 皮肤接触：脱去污染的衣着，用肥皂或中性清洁剂清洗感染处，并且用大量水冲洗20min，直至没有化学品残留。若需要则送往医院治疗。

③ 眼睛接触：立刻用流水或生理盐水冲洗眼睛15min 以上，就医。

④ 食入：大量饮用可导致昏迷，昏迷发生时不要催吐，以免堵塞呼吸道。当呕吐发生时，侧躺时要保持头部低于臀部。使头部转向一边，立即送医治疗。

三、 PX 危险特性及典型状况处理方法

PX 易燃，其蒸气与空气可形成爆炸性混合物。遇明火、高热能燃烧爆炸。与氧化剂能发生强烈反应。流速过快，容易产生和集聚静电。其蒸气比空气重，能在较低处扩散到相当远的地方，遇火源会着火回燃。

发生泄漏时，迅速疏散泄漏污染区人员至安全区，并进行隔离，严格限制出入。切断火源，建议应急处理人员戴自给正压式呼吸器，穿防毒服，尽可能切断泄漏源。小量泄漏时，用活性炭或其他惰性材料吸收。也可以用不燃性分散剂制成的乳液刷洗，洗液稀释后放入废水系统。大量泄漏时，构筑围堰或挖坑收容。用泡沫覆盖，抑制蒸发。用防爆泵转移至槽车或专用收集器内，回收或运至废物处理场处置。

发生火灾时，消防人员必须佩戴空气呼吸器，穿全身防火防毒服，在上风向灭火。喷水冷却容器，可能的话将容器从火场移至空旷处。容器突然发出异常声音或出现异常现象，应立即撤离。

活动 3：举例说明 PX 的典型用途

查阅 PX 相关材料，列举其典型用途，完成表 1-1-4。

表 1-1-4　PX 产品典型用途

产品名称	典型用途
PX	

📖 学一学

1. PX 的用途

在国内，PX 主要用于生产 PTA，占比高达 97%，仅有很少一部分用于生产对苯二甲酸二甲酯（DMT）和其他领域。PTA 是芳烃-聚酯产业链最重要的链条，PTA 和乙二醇生产 PET，75% 的 PET 进一步加工纺丝生产涤纶纤维，涤纶广泛用于服装等纺织品中。由于 PET 瓶具有外观漂亮、设计灵活、强度高、对二氧化碳密封性好和可靠的卫生性特点，使其成为碳酸饮料理想的包装容器，除饮料包装之外，牛奶包装、调味品包装、化妆品包装、医药包装等都成为 PET 瓶消费的巨大市场。20% 的 PET 用于瓶级聚酯，5% 用于聚酯薄膜，主要应用于包装材料、胶片和磁带。除此之外，PX 还可用作溶剂以及医药、农药、涂料、油墨等行业的生产原料。

2. PX 典型生产工艺

目前，芳烃通过石油化工的芳烃联合装置进行大规模工业生产。芳烃联合装置主要包括催化重整、芳烃抽提、甲苯歧化、烷基转移、二甲苯异构化及 PX 分离等装置（如图 1-1-4 所示），主产品是苯和二甲苯，其中二甲苯主要包含 PX 和适量的邻二甲苯（OX）。

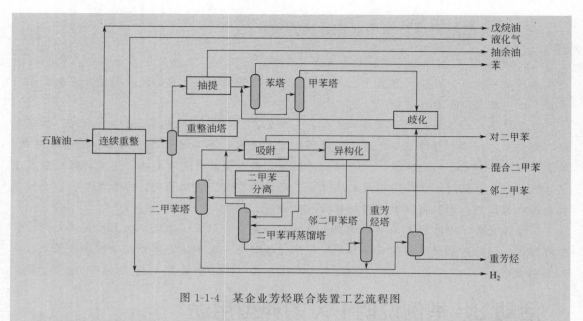

图 1-1-4　某企业芳烃联合装置工艺流程图

通过石脑油催化重整获得混合二甲苯，再采用多级深冷结晶分离或分子筛模拟移动床吸附分离技术将 PX 从沸点极其相近的二甲苯异构体混合物中分离出来。受热力学平衡的限制，二甲苯混合物中 PX 含量较低（约 25%）。近年来，PX 需求量日益增长，从重整油和裂解汽油中直接抽提和分离 PX 已不能满足需求。因此，在芳烃联合装置中，一般利用甲苯歧化、烷基转移以及 C_8 芳烃异构化等技术来增产 PX。另外，随着择形催化剂性能的不断提高，甲苯选择性歧化、甲醇甲苯选择性烷基化制 PX 技术近年来取得了长足的进步。

1. 日常生活中，人们对 PX 缺乏足够的认识，往往会产生恐慌心理。假如你作为知识宣传员，请结合所学知识制定一份 PX 宣传材料以消除人们的误解。

2. 查阅资料，检索不同的 PX 生产工艺，并进行比较分析。

3. 根据本节课所学知识，绘制以原油为原料生产 PX 的产业链示意图。

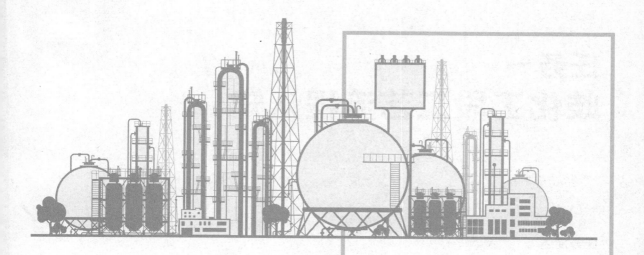

模块二

歧化装置操作

　　石油芳烃中的甲苯、间二甲苯和 C_9 芳烃因未充分利用导致供过于求，而其中的苯和对二甲苯需求量却日益猛增，如何将供过于求的产品转化成需求量猛增的产品？歧化或烷基转移反应是增产对二甲苯的方法之一，反应后的二甲苯混合物需要进一步分离才能得到对二甲苯。歧化工段是进行二甲苯反应的工段，通过对歧化装置工艺流程的认知，学习歧化反应主要设备的控制，进而对歧化装置进行开停车操作。装置运行过程中，由于工段涉及的易燃易爆物质较多，需掌握事故的应急处置方法。

任务一
歧化工段工艺流程认知

运用歧化或烷基转移反应来增产对二甲苯的原理是什么，工艺流程是什么，生产过程需要用到什么样的设备，是本次任务需要学习的内容。

任务目标

知识目标

（1）掌握歧化工段的反应原理；

（2）根据装置工艺流程方块图，掌握工艺流程中反应器、汽提塔、加热炉等设备的原理及作用。

技能目标

（1）会熟练地识读和叙述工艺流程；

（2）能够绘制带控制点的工艺流程图。

素质目标

（1）图纸互评，通过不断进行反思提高自主学习的能力；

（2）通过小组识读和绘制工艺流程图，提高小组合作、团队协作的能力。

（3）培养安全生产的意识和责任感。

1. 歧化工段反应原理

在歧化工艺中，主要反应有两种类型，即歧化反应和烷基转移反应，这两种反应都可以看作甲基基团的转移，是可逆平衡反应。

歧化或烷基转移是在临氢和催化剂作用下，将附加值较低的甲苯和 C_9/C_{10} 芳烃转化为附加值较高的苯和二甲苯。在歧化工艺中有两个主要的反应，分别是歧化反应和烷基转移反应。甲苯单独转化为苯和 C_8A 平衡混合物的反应称为歧化反应。甲苯和重芳烃的混合物通过甲基取代而转化为 C_8A 的反应称为烷基转移反应。

M1-3 对二甲苯生产装置认知

甲苯歧化反应：

$$2 \, \text{甲苯} \rightleftharpoons \text{二甲苯} + \text{苯}$$

烷基转移反应：

$$\text{甲苯} + \text{二甲苯} \rightleftharpoons 2 \, \text{二甲苯}$$

$$\text{甲苯} + \text{三甲苯} \rightleftharpoons \text{二甲苯} + \text{二甲苯}$$

芳烃歧化或烷基转移反应的实质是芳烃侧链烷基基团在芳环之间的移动和重排。一般而言，芳烃歧化反应是烷基侧链在两个相同的烷基取代芳烃分子间转移，生成两个不同的芳烃分子；与此类似，烷基转移反应是指一个烷基侧链在两个不同的芳烃分子之间迁移，生成两个新的芳烃分子。芳烃歧化反应是烷基转移反应的一种特殊形式。

在本工艺中，由于以甲苯和 C_9/C_{10} 芳烃为原料，甲苯和 C_9/C_{10} 芳烃之间的烷基转移反应也较为复杂，除主反应产物苯和 C_8 芳烃外，还有其他的副反应，包括歧化、烷基转移、脱烷基、加氢裂化、芳环加氢、缩合等。

C_9 芳烃歧化反应：

$$2 \, \text{二甲苯} \rightleftharpoons \text{三甲苯} + \text{甲苯}$$

加氢脱烷基：

歧化的烷基转移反应要求在反应中有一定的氢气分压存在，以使烷基转移反应进行得平稳。主反应理论上不消耗氢，但实际反应中消耗氢，因为有脱烷基和加氢裂化副反应存在。由于较重的芳烃有较重的烷基基团，所以较重的芳烃进料需要消耗较多的氢。

2. 精馏原理

精馏是分离液相混合物的有效手段，它是在多次部分汽化和多次部分冷凝过程的基础上发展起来的一种蒸馏方式。

炼油厂中大部分的石油精馏塔，如原油精馏塔、催化裂化和焦化产品的分馏塔、催化重整原料的预分馏塔以及一些工艺过程中的溶剂回收塔等，都是通过精馏这种蒸馏方式进行操作的。

**任务
实施**

活动 1：填写歧化工段原料和产品性质表

查阅资料，完成歧化工段反应原料和产品性质表 2-1-1。

表 2-1-1　歧化工段反应原料和产品性质表

原料和产品	物理性质	化学性质	危险性	防护措施

学一学

1. 原料：C_9 芳烃

（1）物理性质　碳九芳烃是一种混合物，是石油经过催化重整以及裂解后副产品中含有九个碳原子芳烃的馏分，其主要成分包括异丙苯、正丙苯、乙基甲苯、茚、均三甲苯、偏三甲苯、连三甲苯等。一般情况下，碳九芳烃的沸点在 153℃左右。

（2）危险特性　碳九芳烃属于可燃危险品，可造成水体、土壤和大气污染；吸入、接触高浓度本品蒸气有麻醉和刺激作用，会引起眼鼻喉和肺刺激，头痛、头晕等中枢神经和上呼吸道刺激症状，长期反复接触可致皮肤脱脂；食用被碳九芳烃污染过的动植物海产品，还有中毒、致癌等风险。

2. 原料：甲苯

（1）物理性质

外观与性状：无色透明液体，有类似苯的芳香气味。

熔点：−94.9℃；相对密度（水为1）：0.87；沸点：110.6℃；相对蒸气密度（空气为1）：3.14；分子式：C_7H_8；分子量：92.14；饱和蒸气压：4.89kPa（30℃）；燃烧热：3905.0kJ/mol；临界温度：318.6℃；临界压力：4.11MPa；辛醇/水分配系数的对数值：2.69；闪点：4℃；爆炸上限：7.0%（体积分数）；引燃温度：535℃；爆炸下限：1.2%（体积分数）。

溶解性：不溶于水，可混溶于苯、醇、醚等多数有机溶剂。

（2）化学性质　化学性质活泼，与苯相似。可进行氧化、磺化、硝化和歧化反应，以及侧链氯化反应。甲苯能被氧化成苯甲酸。

（3）危险特性

① 健康危害：对皮肤、黏膜有刺激性，对中枢神经系统有麻醉作用。

② 急性中毒：短时间内吸入较高浓度该品可出现眼及上呼吸道明显的刺激症状、眼结膜及咽部充血、头晕、头痛、恶心、呕吐、胸闷、四肢无力、步态蹒跚、意识模糊。重症者出现躁动、抽搐、昏迷。

③ 慢性中毒：长期接触可发生神经衰弱综合征，肝肿大，女工月经异常，皮肤干燥、皲裂、皮炎等。

环境危害：对环境有严重危害，对空气、水环境及水源可造成污染。

④ 燃爆危险：该品易燃，具刺激性。

3. 产物：二甲苯

① 物理性质：无色透明液体。有芳香烃的特殊气味。能与无水乙醇、乙醚和其他许多有机溶剂混溶，在水中不溶。沸点为 137～140℃。具有易燃性。

② 危险特性：误食二甲苯溶剂时，既强烈刺激食道和胃，并引起呕吐，还可能引起出血性肺炎，应立即饮入液体石蜡，立即送医诊治。

③ 泄漏应急：迅速疏散泄漏污染区人员至安全区，并进行隔离，严格限制出入。切断火源。

④ 呼吸系统防护：空气中浓度较高时，佩戴过滤式防毒面具（半面罩）。紧急事态抢救或撤离时，建议佩戴空气呼吸器。

⑤ 眼睛防护：戴化学安全防护眼镜。

⑥ 身体防护：穿防毒物渗透工作服。

⑦ 手防护：戴橡胶手套。

活动 2：填写歧化工段主要设备表

根据歧化工段反应原理的学习，熟知歧化工段工艺流程方框图（图 2-1-1）。根据歧化工段工艺流程方块图，小组讨论歧化装置需要哪些设备，设备出口物料的主要组分和各种设备的作用分别是什么，完成表 2-1-2 的内容。

表 2-1-2 歧化工段装置主要设备表

序号	设备名称	进口物料的主要组分	出口物料的主要组分	设备主要作用
1				
2				
3				
4				
5				
6				
7				
8				

活动 3：绘制带控制点的工艺流程图

根据工艺流程中设备和物料的流向（图 2-1-2），在 A3 纸上绘制带控制点的歧化工段工艺流程图，并根据表 2-1-3 评分标准，同学互换进行评分。

表 2-1-3 歧化工段工艺流程图评分标准

序号	考核内容	考核要点	配分	评分标准	扣分	得分	备注
1	准备工作	绘图工具、用具准备	5	工具携带不正确扣 5 分			
2		排布合理，图纸清晰	10	不合理、不清晰扣 10 分			
3		边框	5	格式不正确扣 5 分			
4		标题栏	5	格式不正确扣 5 分			
5		塔器类设备齐全	15	漏一项扣 5 分			
6		主要加热炉、换热器设备齐全	15	漏一项扣 5 分			
7	图纸评分	主要泵、压缩机等动设备齐全	10	漏一项扣 5 分			
8		主要的储罐、回流罐等容器齐全	15	漏一项扣 5 分			
9		管线走向正确	10	管线错误一条扣 5 分			
10		主要物料标注准确	5	错误一项扣 2 分			
11		控制点标注正确	5	错误一项扣 1 分			
合计			100				

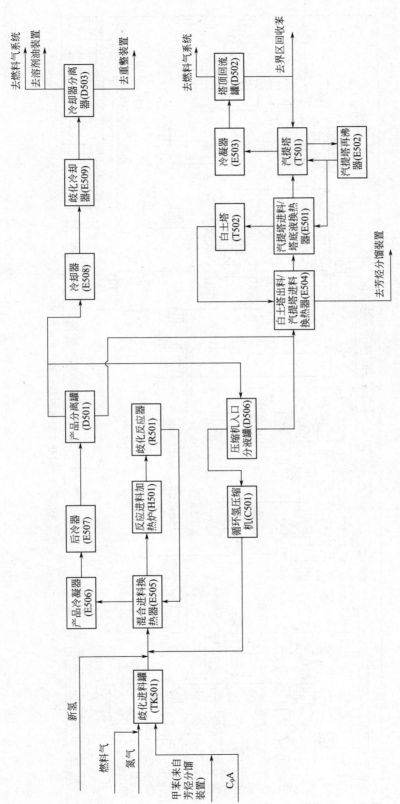

图 2-1-1　歧化工段工艺流程方框图

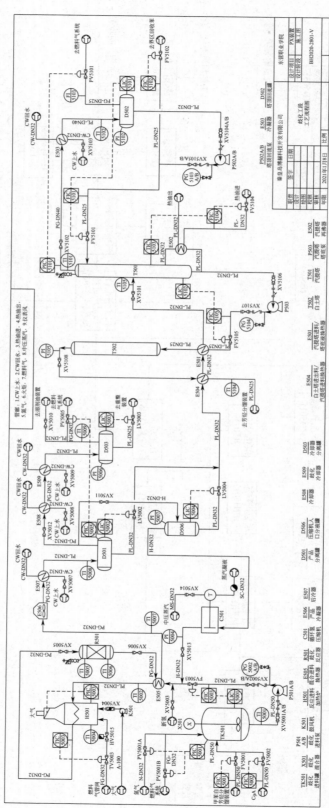

图 2-1-2　歧化工段带控制点的工艺流程图

活动 4：写出部分物料去向

按照岗位叙述工艺流程，并写出部分物料的走向。

反应岗位带控制点的工艺流程图见图 2-1-3。产品分离岗位带控制点的工艺流程图见图 2-1-4。

产品分离罐的液相在液位控制下，经白土塔出料/汽提塔进料换热器（E504）和汽提塔进料/塔底液换热器（E501）壳程压入汽提塔（T501）。T501 塔顶蒸汽通过冷凝器（E503）冷凝后流入塔顶回流罐（D502）。冷凝的塔顶液大部分在 D502 液位控制下，用塔顶泵（P502A/B）打回塔顶，作为回流；另一部分在流量控制下送到界区回收其中的苯。塔顶非冷凝气体在塔顶压力控制下排往燃料气系统。汽提塔底液（歧化装置产品）在流量与 T501 塔底液位串级控制下，经 E501 管程与汽提塔进料换热后进入白土塔（T502），脱除其中的烯烃，再经 E504 管程与汽提塔进料换热后，送往芳烃分馏装置。

为恒定 T501 的热负荷，用 FIC5104 进行控制进入汽提塔再沸器（E502）的热油量。

试一试：写出流程中物质苯的流向。

苯的流向一：歧化反应器（R501）→混合进料换热器（E505）→产品冷凝器（E506）→后冷器（E507）→产品分离罐（D501）→冷却器（E508）→歧化冷却器（E509）→冷却器分离罐（D503）

苯的流向二：

_____

_____

_____

活动 5：仿真工厂装置"摸"流程

根据图纸查找主要工艺设备，分小组对照工艺流程实物描述工艺流程（表述清楚设备名称、位置及作用，管路内物料及流向，设备内物料变化等）。在教师指导下根据表 2-1-4 进行评分。

表 2-1-4　工艺流程描述评分标准

序号	考核要点	配分	评分标准	扣分	得分	备注
1	设备位置对应清楚	15	出现一次错误扣 5 分			
2	物料管路对应清晰	20	出现一次错误扣 5 分			
3	仪表作用	10	出现一次错误扣 1 分			
4	阀门位置和作用	5	出现一次错误扣 1 分			
5	设备内物料变化	20	出现一次错误扣 5 分			
6	物料流动顺序描述清晰	20	出现一次错误扣 5 分			
7	其他	10	语言流畅，描述清晰			
	合计	100				

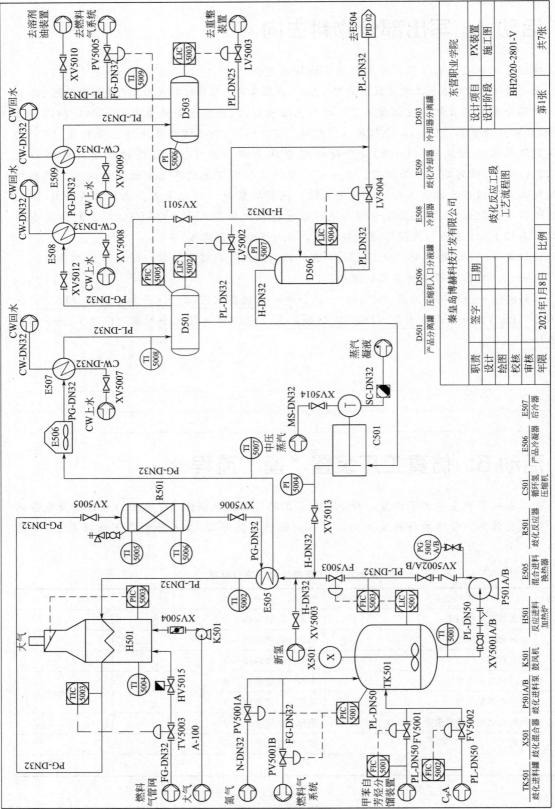

图 2-1-3 反应岗位带控制点的工艺流程图

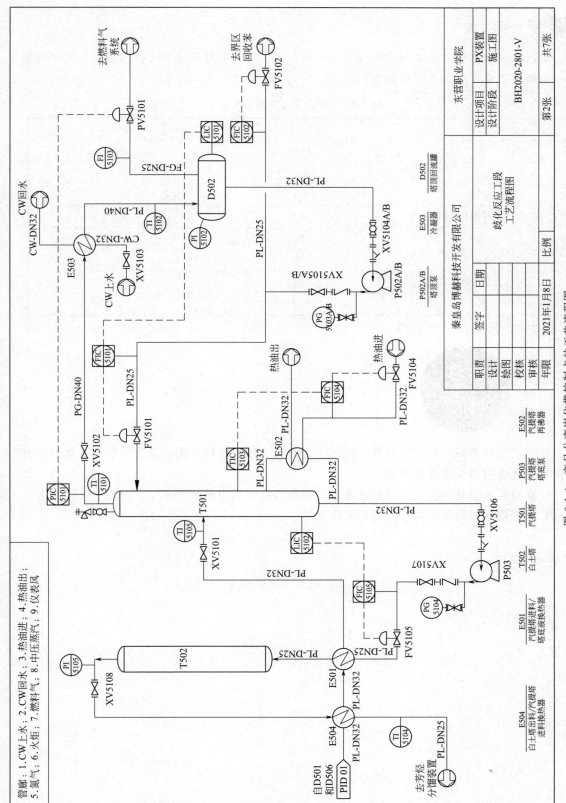

图 2-1-4 产品分离岗位带控制点的工艺流程图

学一学

　　管道里流动流体的种类常常难以快速辨识，为了便于知晓管道中流体的种类，常常将不同种类的流体管道涂上不同颜色加以辨识，常见化工管路涂色表如表 2-1-5 所示。

表 2-1-5　常见化工管路涂色表

物质种类	基本识别色	颜色标准编号
水	艳绿	G03
水蒸气	大红	R03
空气	浅灰	B03
气体	中黄	Y07
酸或碱	紫	P02
可燃液体	棕	YR05
其他液体	黑	—
氧	淡蓝	PB06

学习
巩固

　　1. 工艺流程中的汽提塔本身就是精馏塔，歧化工段汽提塔分离的是什么物料？是否所有的体系都适合用精馏的方法分离？

　　2. 从歧化或烷基转移反应的原理考虑，如何提高对二甲苯的产率？

　　3. 对带控制点的工艺流程图进行文字描述。

任务二
歧化工段主要设备工艺参数控制

任务描述

歧化装置操作过程控制的核心是DCS系统，控制器接收来自歧化装置现场的温度、压力、液位、流量等测量元件与变送器的信息，通过与相应工艺指标的给定值进行对比，将偏差信号计算后输送至现场控制阀门、泵频率等的执行机构，通过阀门开度的增减、泵频率的调节达到温度、压力、流量、液位的自动化控制。主控制室内操岗位作业人员及时掌握参数的动态，分析判断装置生产的变化趋势，并且及时做出调节，使这些工艺参数在允许的范围内波动，生产出符合质量要求的产品。本任务列举了几种常见的歧化工段工艺参数波动现象，通过分析原因，做出调整，使各项工艺参数控制在工艺允许范围内。

任务目标

👁 知识目标

（1）掌握歧化工段主要工艺参数对工艺的影响；

（2）掌握歧化工段主要工艺参数的控制方法。

👁 技能目标

能够熟练地进行主要工艺参数的调节。

👁 素质目标

（1）培养独立思考、解决问题的能力；

（2）通过内外操岗位结合提高小组合作、团队协作的能力。

知识准备

认识化工生产过程控制系统：

化工自动控制系统是化工自动化技术在化工生产过程中的应用，它是运用控制理论、仪器仪表、计算机和其他信息技术对化工生产过程实现检测、控制、优化、调度、管理和决策，从而达到安全生产、提高产品产量和质量、降低消耗的目的。

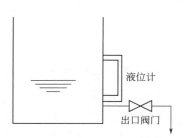

图 2-2-1 储液罐的液位控制

自动控制系统主要装置包括测量元件与变送器、控制器、执行器，分别具有类似人的眼、脑、手三个器官的功能。举一个简单的例子，如图 2-2-1 所示。

思考：根据工艺要求，储罐液位需控制在 380mm，当储罐液位超过 380mm 时，应如何控制储罐液位？

液位升高时，眼睛通过液位计观测到液位信号，将液位信号反馈给大脑，大脑通过判断液位升高，给手下指令，手将出口阀门调大，维持液位。自控系统的控制亦是如此，如图 2-2-2 所示。

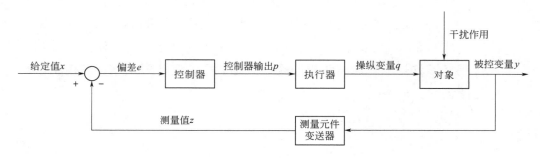

图 2-2-2 自控系统方块图

当干扰作用于液位时，使液位升高，检测元件变送器即液位传感器检测到被测变量——液位，检测元件变送器相当于人的眼睛，将液位测量值传递给控制器，控制器通过将测量的液位值和设定值进行对比，计算出偏差，这里的控制器相当于人的大脑，控制器输出信号至执行器，执行器相当于人的手，将出口阀门开度调大进而维持液位在工艺要求范围内。

任务实施

化工生产过程每个工段中的工艺参数（如温度、压力等）都有严格特定的指标范围，每个工段（或车间）所有工艺参数控制范围汇总成一张工艺控制参数一览表（工艺卡片）。当工艺参数超过指标范围时，轻则影响系统的稳定运行和产品质量，重则导致安全生产事故发生。当装置正常运行后，工艺参数超过指标范围，我们需要采取一系列的控制措施将工艺参数控制在工艺控制参数一览表所要求的范围内。歧化反应工段有哪些工艺控制参数对装置的正常运行有较大影响？应该如何控制使工艺控制参数在控制指标范围内？

活动1：调节反应器温度

查阅相关资料，结合带控制点的工艺流程图，小组讨论反应器进口温度的变化对反应的影响，并思考当反应器进口温度出现变化时，如何调节。

学一学

1. 反应温度的变化对反应有什么影响？

歧化或烷基转移反应是可逆反应。由于热效应小，温度对平衡的影响不大，但催化剂活性随温度升高而增大，反应速率加快，但同时也降低了催化剂的选择性，使苯环裂解等副反应增加，收率降低，因此要选择适当的温度。在催化剂使用初期活性较高，可以选择较低的反应温度；随着运行时间的延长，催化剂上的积炭逐渐增多，活性随之下降，因此应升高反应温度。在具体的工艺过程中，其他工艺参数（如原料性质、进料量、反应催化剂活性等）对歧化反应的影响可以通过反应温度的调整加以补偿。

通常所说的反应温度是指反应器的进口温度。由于歧化或烷基转移反应有轻微的放热，因此，反应器的出口温度要高于进口温度，反应器进出口温差也可以作为反应深度的判断指标。温差大，则反应深度高，转化率高，但选择性差；反之，则反应深度低，转化率低，但选择性好。故反应器的进口温度一般控制在340～360℃之间。

2. 反应温度变化的原因是什么？

反应器的进料温度跟原料的流量、原料的组成及原料加热量有关，原料加热量与原料流量、组成的变化不匹配时，会引起反应器进料温度的变化。混合进料换热器（E505）和反应进料加热炉（H501）用于原料的加热，当原料的流量变化时，加热混合进料换热器（E505）和反应进料加热炉（H501）的热量没有及时调整，会造成反应器进料温度的变化。同时，当反应进料组成发生变化时，如循环氢的量增多，原料中轻组分增多，加热混合进料换热器（E505）和反应进料加热炉（H501）的热量没有及时调整，也会造成反应器进料温度的变化。若原料的组成和流量不发生变化，用于原料加热的热量发生变化分为两种情况：第一，来自混合进料换热器（E505）的热量变化，即来自反应器的物料温度升高（考虑反应深度增加，反应放热量增加），反应器的入口温度也会增加；第二，来自燃料气管网的燃料量增加（考虑燃料气管网压力升高或阀门TV5003内漏），反应器的入口温度也会增加。

3. 反应器温度如何调控？

当反应器进口温度TIC5003上升时，如图2-2-3所示，最直接的方法是通过控制反应进料加热炉（H501）燃料气管网上燃料气的调节阀开度，降低燃料气进气量，从而降低炉膛温度和原料进入反应器的温度。当反应器进口温度下降时，操作过程相反。

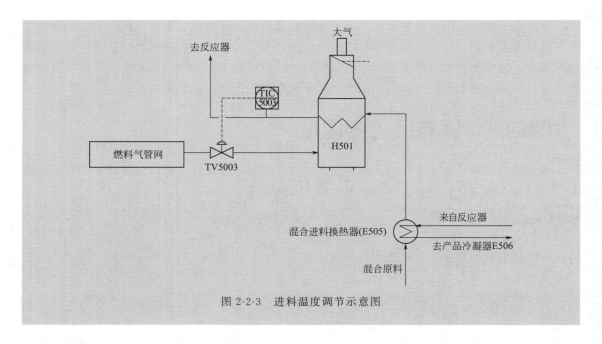

图 2-2-3　进料温度调节示意图

活动 2：调节反应器压力

查阅相关资料，结合带控制点的工艺流程图，小组讨论反应器压力的变化对反应的影响，并思考当反应器压力变化时，如何进行调节。

学一学

1. 歧化反应反应压力变化有什么影响？

歧化或烷基转移是等分子反应，无体积变化，压力对化学平衡无影响。但压力与氢分压有密切关系。为了保持一定氢分压，防止催化剂积炭，总压可以随氢纯度的变化或原料性质做适当调整，尤其是当氢纯度较低时一定要注意提高反应系统压力，同时增加高纯度补充氢的进入和低纯度循环氢的排出。

2. 歧化反应压力应如何调控？

装置操作过程中，通过控制产品分离罐（D501）顶部的压力 PIC5005 来保持整个反应系统的压力。正常控制范围为 2.3～3.0MPa，如图 2-1-3 所示。当产品分离罐（D501）压力升高时，通过调大阀门 PV5005 的开度控制反应系统的压力；若压力降低，操作过程反之。

活动 3：控制汽提塔液位

结合带控制点的工艺流程图，小组讨论汽提塔液位如何控制，并思考当汽提塔液位出现变化时，如何控制。

学一学

1. 汽提塔塔釜液位变化对塔有哪些影响？

如图 2-1-4 所示，当汽提塔塔釜液位发生变化时，会使汽提塔底泵出口流量发生波动，出口流量发生波动即白土塔的进料会发生波动，进而会导致白土塔的操作波动。所以，汽提塔塔釜液位稳定是歧化反应系统稳定操作的前提条件，一般汽提塔液位控制在 45%～60% 范围内。

2. 汽提塔塔釜液位变化的原因有哪些？

如图 2-1-4 所示，汽提塔塔釜液位的变化有三个影响因素：一处进料和两处出料。汽提塔塔板上的气液平衡是一个稳态，在稳态运行时通常保持平衡状态不变，即塔板上的气液相流量不变，当汽提塔出现液泛等情况时，塔板上气液相平衡被破坏，塔釜液位发生变化。当进料流量发生变化时塔釜液位也会发生变化，可根据进料热状况确定塔板上液相流量的变化情况，判断塔釜液位的变化趋势。

3. 汽提塔塔釜液位如何控制？

正常运行时汽提塔的液位控制主要由塔釜液相出料控制。由此可见，塔釜液位的稳定与塔釜液相出料流量的稳定密切相关，而塔釜液相流作为白土塔的进料，关系到白土塔的平稳运行，因此，控制好工艺参数的平稳，防止其波动具有非常重要的意义。

汽提塔的塔釜液位通过串级控制完成，当塔釜液位低于设定值时，加大汽提塔塔釜出料流量控制阀 FV5105 阀门开度，使塔釜液位维持在设定值附近，反之亦然。

学习
巩固

结合图 2-1-2，除了反应器温度、压力和汽提塔液位，还有什么设备的哪些工艺参数需要进行调节控制？请一一列出。

任务三
歧化工段开车操作

任务描述

歧化工段是PX装置的核心部分之一，它的平稳操作关系到整个生产过程PX的产量和质量。歧化工段是以甲苯和C_9芳烃为原料，与氢气混合后，经歧化反应器反应后，进入稳定塔，塔顶采出轻烃送至重整工段，塔釜物料送至苯塔。该工段开车前需要做哪些准备工作，开车操作流程是什么，操作要求有哪些，各岗位间该如何协作配合，是本次任务需要学习的内容。

任务目标

👁 知识目标

（1）掌握歧化工段的开车操作流程和要求；

（2）熟悉歧化工段的工艺流程；

（3）认知歧化工段中各设备、阀门、仪表及其作用。

👁 技能目标

（1）能根据要求熟练调控仪表参数保证开车正常进行；

（2）能掌握DCS计算机远程控制系统，实现手动和自动无扰切换操作；

（3）能识别开车过程中常见的异常现象并进行相关处理。

👁 素质目标

（1）培养内外操团结协作、互相交流的合作能力；

（2）针对外操职业特点，培养吃苦耐劳、爱岗敬业的职业精神；

（3）装置为真实操作场景，需做好安全防护，培养安全生产的意识和责任感。

活动 1: 进行歧化工段开车前的准备工作

开车前应该有哪些准备工作？

① 全面检查所属设备、流程是否符合工艺要求，管线连接是否正确，有无漏接、错接，阀门方向是否正确，开关是否灵活，阀芯有无脱落，法兰、垫片、螺钉是否上紧，盘根有无压好。

② 检查各塔、容器的人孔、手孔螺钉是否上紧。

③ 检查所有仪表（包括孔板、风包、测温点、测压点、压力表、热电偶、液面计）是否按要求装好。

④ 检查所有消防器材是否备足，并按要求就位。

⑤ 检查所有下水道是否畅通，盖板是否盖好。

⑥ 检查地面、平台、上下走道、消防通道是否畅通，有无障碍物。

⑦ 检查所有设备、管线保温、刷漆是否符合要求。

⑧ 检查各设备的静电接地线是否符合要求。

⑨ 检查各设备基础是否完好，有无下沉、倾斜、裂缝等现象，地脚螺钉是否变形松脱。

活动 2: 写出歧化工段冷态开车的过程

歧化工段冷态开车包括哪几个过程？

```
┌──────────┐   ┌──────────┐   ┌──────────┐   ┌──────────┐
│          │ → │          │ → │          │ → │          │ →
└──────────┘   └──────────┘   └──────────┘   └──────────┘

┌──────────┐   ┌──────────┐
│          │ → │          │
└──────────┘   └──────────┘
```

一、装置垫油

① 点击汽提塔垫油按钮，向汽提塔 T501 内加入外购的混合二甲苯进行垫油操作，当汽提塔釜液位 LIC5102 达到 80% 时，停止垫油（图 2-3-1）。

② 打开甲苯进歧化进料罐 TK501 流量控制阀 FV5001 前后手阀 FV5001F、FV5001R。

③ 打开甲苯进歧化进料罐 TK501 流量控制阀 FV5001（图 2-3-2）。

④ 打开 C_9A 进歧化进料罐 TK501 流量控制阀 FV5002 前后手阀 FV5002F、FV5002R。

⑤ 打开 C_9A 进歧化进料罐 TK501 流量控制阀 FV5002。当歧化进料罐 TK501 液位 LIC5001 达到 50% 时，关闭控制阀 FV5001、FV5002。启动歧化进料罐 TK501 搅拌装置（图 2-3-3）。

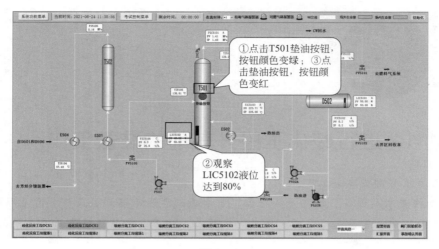

图 2-3-1

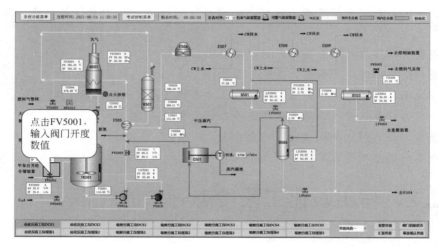

图 2-3-2

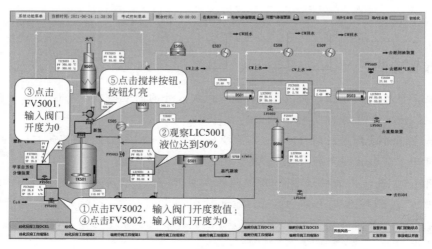

图 2-3-3

⑥ 打开氮气进歧化进料罐 TK501 压力控制阀 PV5001A 前后手阀 PV5001AF、PV5001AR。打开歧化进料罐 TK501 去燃料气压力控制阀 PV5001B 前后手阀 PV5001BF、PV5001BR。

⑦ 打开氮气进歧化进料罐 TK501 压力控制阀 PV5001A。调节压力控制阀 PV5001A 的开度,将歧化进料罐压力 PIC5001 控制在(0.15±0.05)MPa(图 2-3-4)。

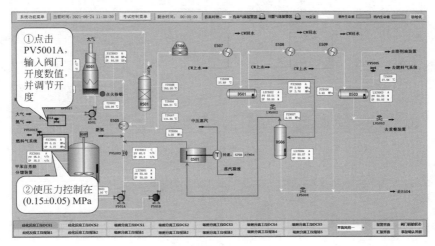

图 2-3-4

二、建立油循环

① 打开热油进汽提塔再沸器 E502 流量控制阀 FV5104 前后手阀 FV5104F、FV5104R(图 2-3-5)。

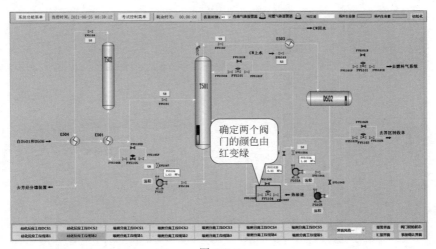

图 2-3-5

② 打开热油进汽提塔再沸器 E502 流量控制阀 FV5104。当汽提塔 T501 灵敏板温度 TIC5103 达到 200℃时(图 2-3-6),打开阀门 XV5103,开度为 50%±5%(图 2-3-7)。

③ 打开塔顶出口阀门 XV5102,开度为 50%±5%(图 2-3-8)。

④ 当塔顶回流罐 D502 液位 LIC5101 达到 45%时(图 2-3-9),打开塔顶回流泵 P502A 进口阀门 XV5104A(图 2-3-10)。

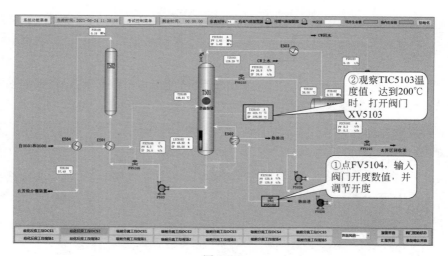

图 2-3-6

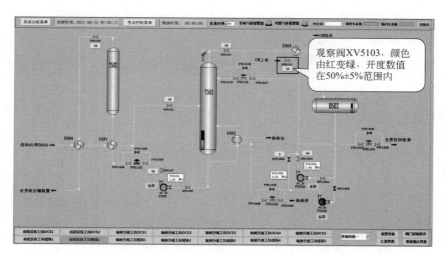

图 2-3-7

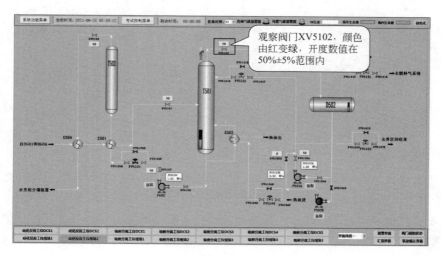

图 2-3-8

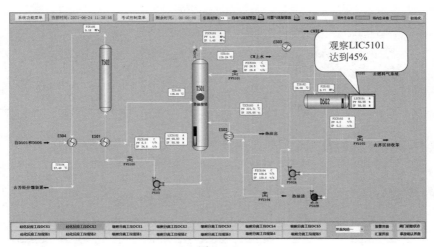

图 2-3-9

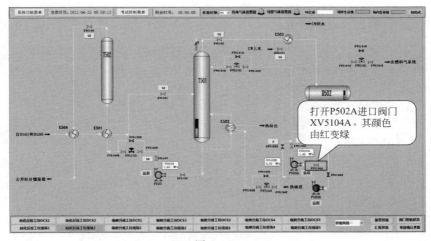

图 2-3-10

⑤ 启动塔顶回流泵 P502A（图 2-3-11），打开塔顶回流泵 P502A 出口阀门 XV5105A，开度为 50%±5%（图 2-3-12）。

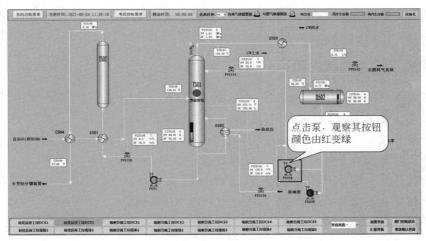

图 2-3-11

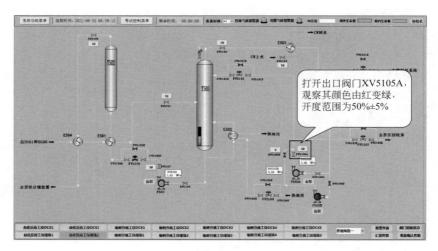

图 2-3-12

⑥ 打开汽提塔 T501 回流流量控制阀 FV5101 前后手阀 FV5101F、FV5101R（图 2-3-13）。

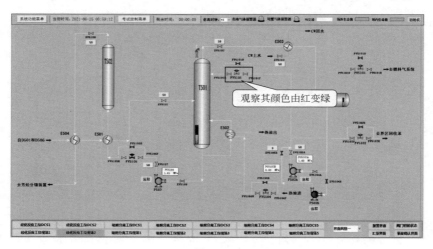

图 2-3-13

⑦ 打开汽提塔 T501 回流流量控制阀 FV5101，建立全回流。并调节汽提塔回流流量控制阀 FV5101 的开度，将回流罐液位 LIC5101 控制在 50％±5％（图 2-3-14）。

三、建立反应系统氢气循环

① 打开新氢进料阀门 XV5003，开度为 50％±5％。

② 打开歧化反应器 R501 进口阀门 XV5005，开度为 50％±5％。

③ 打开歧化反应器 R501 出口阀门 XV5006，开度为 50％±5％。

④ 打开压缩机入口分液罐 D506 进口阀门 XV5011，开度为 50％±5％。

⑤ 打开循环氢压缩机 C501 出口阀门 XV5013，形成循环。

⑥ 打开循环氢压缩机 C501 透平蒸汽进口阀门 XV5014。

⑦ 调节循环氢压缩机的转速到 5750r/min，控制出口压力 PI5004 在 （3.0±0.2）MPa （图 2-3-15）。

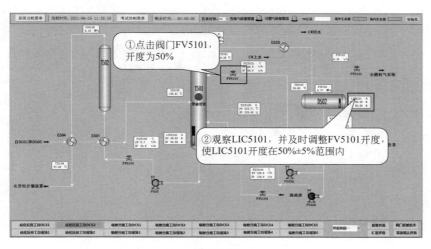

图 2-3-14

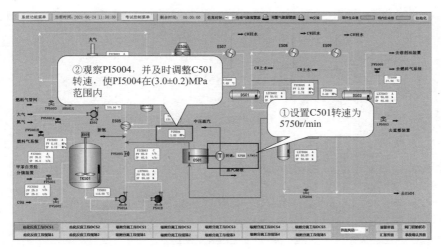

图 2-3-15

四、反应进料加热炉点火升温

① 全开反应进料加热炉 H501 烟道挡板 PIC5003，启动加热炉鼓风机 K501（图 2-3-16）。

② 打开加热炉鼓风机 K501 出口蝶阀 XV5004，开度为 50％±5％。

③ 反应进料加热炉 H501 点火（图 2-3-17）。

④ 打开燃料气进反应进料加热炉 H501 温度控制阀 TV5003 前后手阀 TV5003F、TV5003R。打开燃料气进反应进料加热炉 H501 控制阀 TV5003。

⑤ 打开燃料气进反应进料加热炉 H501 电磁阀 HV5015，控制加热炉 H501 出口温度，缓慢升温至（300±10）℃，控制加热炉的压力在 50kPa（图 2-3-18）。

⑥ 启动产品空冷器 E506（图 2-3-19），打开后冷器 E507 循环冷却水上水阀门 XV5007，开度为 50％±5％。

⑦ 调节燃料气控制阀 TV5003，控制加热炉 H501 出口温度在（350±10）℃（图 2-3-20）。

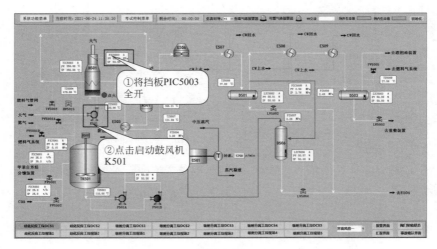

图 2-3-16

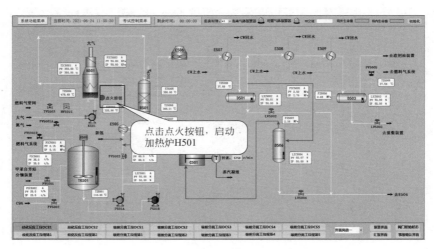

图 2-3-17

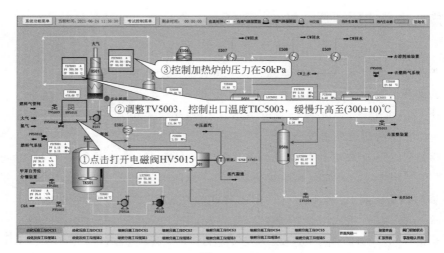

图 2-3-18

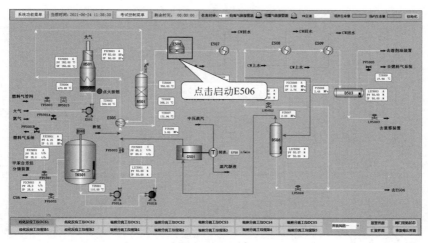

图 2-3-19

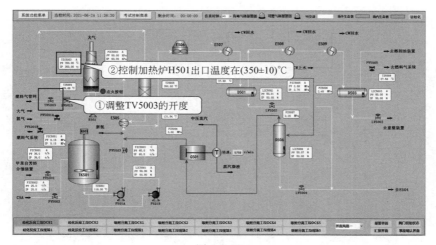

图 2-3-20

五、歧化反应器进料

① 当反应进料加热炉 H501 出口温度 TIC5003 达到 300℃时，打开 P501A 进口阀门 XV5001A，启动歧化进料泵 P501A（图 2-3-21）。

② 打开歧化进料泵 P501A 出口阀门 XV5002A，开度为 50%±5%。

③ 打开歧化进料泵出口流量控制阀 FV5003 前后手阀 FV5003F、FV5003R。

④ 打开歧化进料泵出口流量控制阀 FV5003（图 2-3-22）。

⑤ 打开甲苯进歧化进料罐 TK501 流量控制阀 FV5001，打开 C_9A 进歧化进料罐 TK501 流量控制阀 FV5002，调节流量控制阀 FV5003 的开度，将歧化进料罐液位 LIC5001 控制在 50%±5%（图 2-3-23）。

⑥ 打开冷却器 E508 循环冷却水上水阀门 XV5008，开度为 50%±5%。

⑦ 打开歧化冷却器 E509 循环冷却水上水阀门 XV5009，开度为 50%±5%。

⑧ 当产品分离罐 D501 压力 PIC5005 达到 2.6MPa 时，打开气相出口阀门 XV5012，开度为 50%±5%（图 2-3-24）。

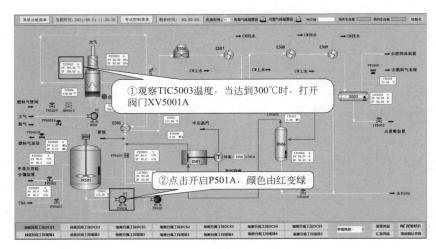

图 2-3-21

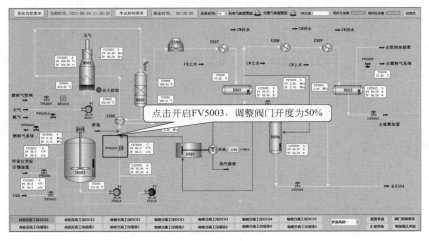

图 2-3-22

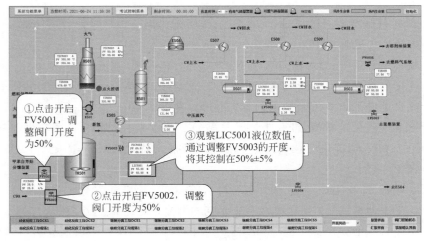

图 2-3-23

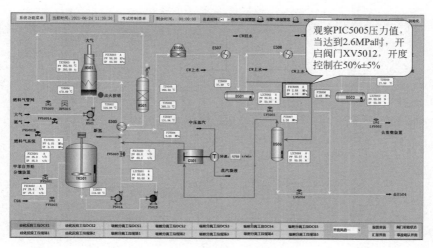

图 2-3-24

⑨ 打开冷却器分离罐 D503 去燃料气系统压力控制阀 PV5005 前后手阀 PV5005F、PV5005R。

⑩ 打开冷却器分离罐 D503 去燃料气系统压力控制阀 PV5005，调节压力控制阀 PV5005 的开度，将压力 PIC5005 控制在（2.76±0.2）MPa（图 2-3-25）。

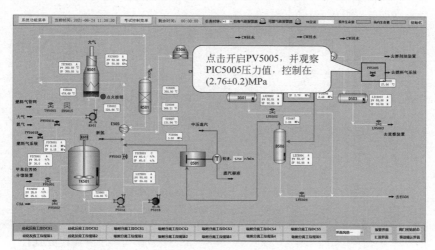

图 2-3-25

⑪ 打开汽提塔 T501 进料阀门 XV5101，开度为 50％±5％。

⑫ 打开产品分离罐 D501 液位控制阀 LV5002 前后手阀 LV5002F、LV5002R。

⑬ 当产品分离罐 D501 液位 LIC5002 达到 50％时，打开液位控制阀 LV5002（图 2-3-26）。

⑭ 打开冷却器分离罐 D503 液位控制阀 LV5003 前后手阀 LV5003F、LV5003R。

⑮ 当冷却器分离罐 D503 液位 LIC5003 达到 50％时，打开液位控制阀 LV5003（图 2-3-27）。

⑯ 打开压缩机入口分液罐 D506 液位控制阀 LV5004 前后手阀 LV5004F、LV5004R。

⑰ 打开压缩机入口分液罐 D506 液位控制阀 LV5004（图 2-3-28）。

⑱ 调节液位控制阀 LV5002 的开度，将液位 LIC5002 控制在 50％±5％（图 2-3-29）。

⑲ 调节液位控制阀 LV5003 的开度，将液位 LIC5003 控制在 50％±5％（图 2-3-29）。

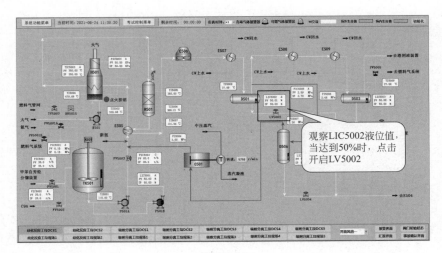

图 2-3-26

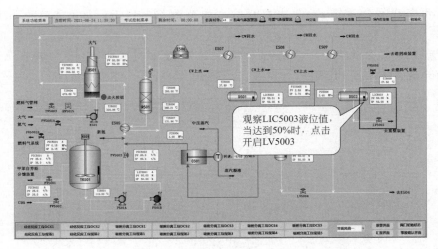

图 2-3-27

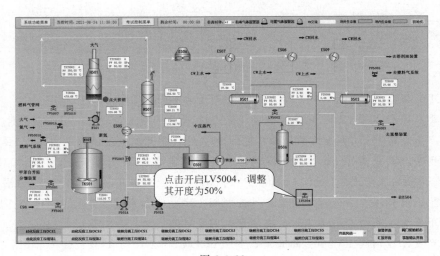

图 2-3-28

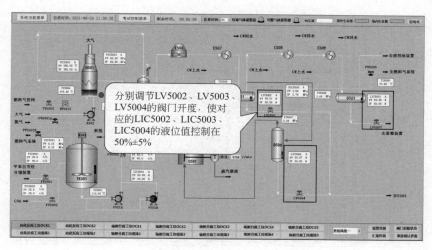

图 2-3-29

⑳ 调节液位控制阀 LV5004 的开度，将压缩机入口分液罐液位 LIC5004 控制在 50％±5％（图 2-3-29）。

㉑ 调节流量控制阀 FV5104 的开度，将汽提塔 T501 灵敏板温度控制在（225±5）℃（图 2-3-30）。

㉒ 打开冷却器分离罐 D503 去溶剂油装置阀门 XV5010，开度为 50％±5％。

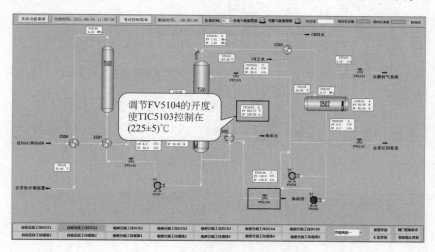

图 2-3-30

六、汽提塔进料

① 打开塔顶回流罐 D502 去燃料气管网压力控制阀 PV5101 前后手阀 PV5101F、PV5101R。

② 打开塔顶回流罐 D502 去燃料气管网压力控制阀 PV5101，并调节压力控制阀 PV5101 的开度，将汽提塔 T501 塔顶压力 PIC5101 控制在（1.4±0.1）MPa（图 2-3-31）。

③ 打开塔顶回流泵 P502A 出口回收苯流量控制阀 FV5102 前后手阀 FV5102F、FV5102R。

④ 打开塔顶回流泵 P502A 出口回收苯流量控制阀 FV5102（图 2-3-32）。

⑤ 打开汽提塔塔底泵 P503 进口阀门 XV5106。

⑥ 启动汽提塔塔底泵 P503（图 2-3-33）。

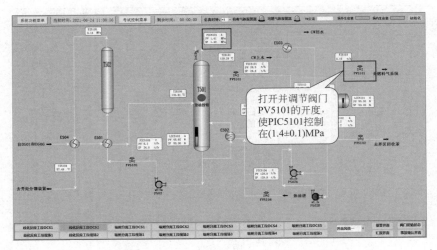

图 2-3-31

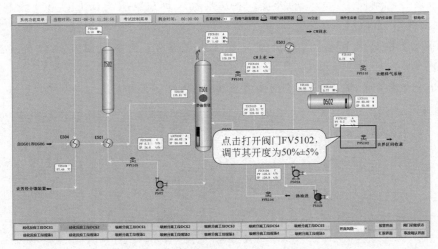

图 2-3-32

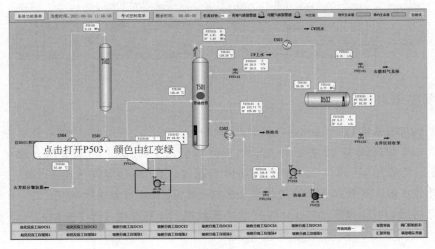

图 2-3-33

⑦ 打开汽提塔塔底泵 P503 出口阀门 XV5107，开度为 50％±5％。

⑧ 打开汽提塔塔底泵 P503 出口流量控制阀 FV5105 前后手阀 FV5105F、FV5105R。

⑨ 打开汽提塔塔底泵 P503 出口流量控制阀 FV5105（图 2-3-34）。

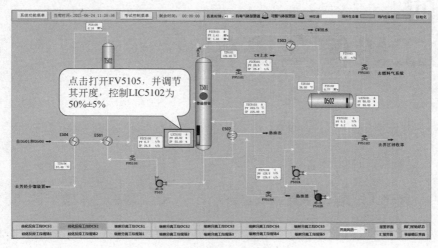

图 2-3-34

⑩ 打开白土塔 T502 出口阀门 XV5108，开度为 50％±5％。

⑪ 调节流量控制阀 FV5105，将汽提塔 T501 液位 LIC5102 控制在 50％±5％。

1. 请列出你在歧化工段开车过程中遇到的问题，并写出解决措施。

2. 开车操作过程中，为什么阀门开度一般为 50％±5％，分离罐或者回流罐液位稳定在 50％？

任务四
歧化工段停车操作

歧化工段是PX装置的核心部分之一，该工段的停车操作非常重要，停车操作流程是什么，操作要求有哪些，各岗位间该如何协作配合，是本次任务需要学习的内容。

任务目标

知识目标

（1）掌握歧化工段的停车操作流程和要求；

（2）熟悉歧化工段的工艺流程；

（3）认知歧化工段中各设备、阀门、仪表及其作用。

技能目标

（1）能根据停车规程熟练调控仪表参数，保证正常停车；

（2）能掌握DCS计算机远程控制系统，实现手动和自动无扰切换操作；

（3）能识别停车过程中可能出现的异常现象并进行相关处理。

素质目标

（1）通过内外操培养团结协作、互相交流的团队能力；

（2）体验内外操工作，培养吃苦耐劳、爱岗敬业的职业精神；

（3）培养安全意识。

活动 1：进行歧化工段停车前的准备工作

停车前应该有哪些准备过程？

1. 停车前确认

① 确认装置各机泵运转正常。

② 确认装置联锁保护好用。

③ 确认对讲机、电话机等通信设施完好。

④ 确认装置盲板位置正确。

⑤ 确认装置内消防急救器材齐全好用。

⑥ 确认现场可燃气体报警仪合格好用。

⑦ 确认便携式可燃气体报警仪合格好用。

⑧ 确认空气呼吸器合格好用。

⑨ 确认过滤式防毒面具合格好用。

⑩ 确认各仪表指示正常。

⑪ 确认各仪表控制系统正常。

⑫ 确认装置停车方案、盲板方案、塔罐吹扫方案齐全。

⑬ 确认阀门扳手、手电、劳保用品准备齐全。

⑭ 联系指挥中心安排好停工时所用污油罐。

⑮ 联系指挥中心做好装置停车大量用氮气准备。

⑯ 联系指挥中心做好装置停车大量用 1.0MPa 蒸汽准备。

⑰ 联系指挥中心做好火炬放空准备。

⑱ 做好与重整、罐区的协调工作。

2. 停车前的准备

① 本装置的停车方案经有关部门审批。

② 停车方案、停车时间汇报有关部门。

③ 本装置人员学习停车方案并考试合格。

④ 装置人员掌握本次停车方案时间安排。

⑤ 确认燃料气系统畅通。

⑥ 在停车过程中，现场严禁一切动火、检修、车辆通行。

⑦ 完成停车过程中的风险评价。

⑧ 制定事故处理预案。

活动 2：写出歧化工段正常停车过程

歧化工段正常停车包括哪几个过程？

一、停止进料

① 关闭甲苯进歧化进料罐 TK501 流量控制阀 FV5001（图 2-4-1）。

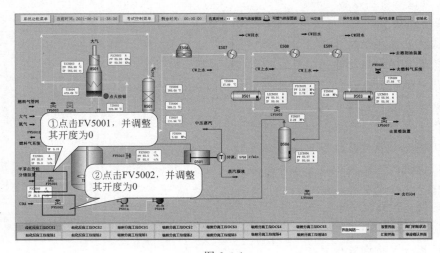

图 2-4-1

② 关闭 C_9A 进歧化进料罐 TK501 流量控制阀 FV5002（图 2-4-1）。

③ 关闭甲苯进歧化进料罐 TK501 流量控制阀 FV5001 前后手阀 FV5001F、FV5001R。

④ 关闭 C_9A 进歧化进料罐 TK501 流量控制阀 FV5002 前后手阀 FV5002F、FV5002R。

⑤ 将歧化进料泵 P501A 出口流量控制阀 FV5003 调手动，维持出料量不变（图 2-4-2）。

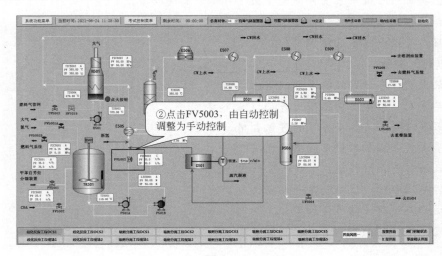

图 2-4-2

⑥ 当歧化进料罐 TK501 液位 LIC5001 降至 0 时，关闭歧化进料泵 P501A 出口阀门 XV5002A，停歧化进料泵 P501A，关闭歧化进料泵 P501A 进口阀门 XV5001A（图 2-4-3）。

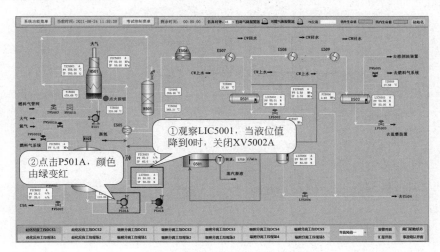

图 2-4-3

⑦ 关闭歧化进料罐 TK501 搅拌器 X501，关闭氮气进歧化进料罐 TK501 压力控制阀 PV5001A（图 2-4-4）。

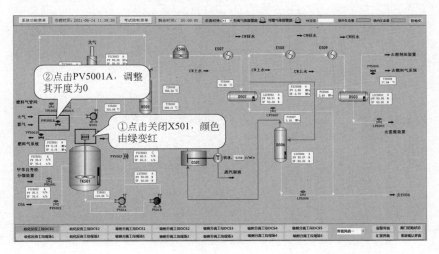

图 2-4-4

⑧ 关闭氮气进歧化进料罐 TK501 压力控制阀 PV5001A 前后手阀 PV5001AF、PV5001AR。

⑨ 当歧化进料罐 TK501 压力 PIC5001 降至 0 时，关闭去燃料气压力控制阀 PV5001B（图 2-4-5）。

⑩ 关闭 TK501 去燃料气压力控制阀 PV5001B 前后手阀 PV5001BF、PV5001BR（图 2-4-5）。

⑪ 关闭歧化进料泵 P501A 出口流量控制阀 FV5003（图 2-4-5）。

⑫ 关闭歧化进料泵 P501A 出口流量控制阀 FV5003 前后手阀 FV5003F、FV5003R。

⑬ 全开新氢进装置的阀门 XV5003。

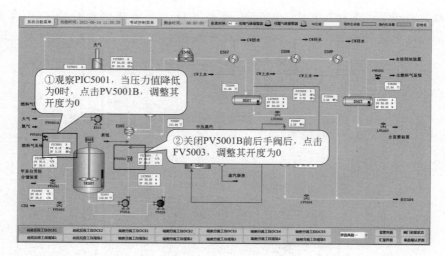

图 2-4-5

⑭ 全开产品分离罐 D501 液位控制阀 LV5002（图 2-4-6）。

⑮ 全开冷却器分离罐 D503 液位控制阀 LV5003（图 2-4-6）。

⑯ 全开压缩机入口分液罐 D506 液位控制阀 LV5004（图 2-4-6）。

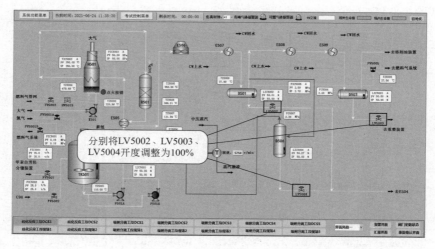

图 2-4-6

⑰ 当产品分离罐 D501 液位 LIC5002 降至 0 时，关闭液位控制阀 LV5002（图 2-4-7）。

⑱ 关闭产品分离罐 D501 液位控制阀 LV5002 前后手阀 LV5002F、LV5002R（图 2-4-7）。

⑲ 当冷却器分离罐 D503 液位 LIC5003 降至 0 时，关闭液位控制阀 LV5003（图 2-4-7）。

⑳ 关闭冷却器分离罐 D503 液位控制阀 LV5003 前后手阀 LV5003F、LV5003R（图 2-4-7）。

㉑ 当压缩机入口分液罐 D506 液位 LIC5004 降至 0 时，关闭液位控制阀 LV5004（图 2-4-7）。

㉒ 关闭压缩机入口分液罐 D506 液位控制阀 LV5004 前后手阀 LV5004F、LV5004R（图 2-4-7）。

㉓ 关闭冷却器分离罐 D503 去溶剂油装置阀门 XV5010。

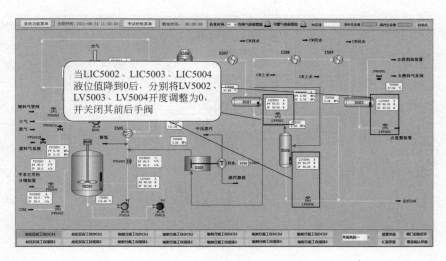

图 2-4-7

二、反应进料加热炉灭火

① 调整燃料气控制阀 TV5003 的开度，将加热炉 H501 出口温度缓慢降至 250℃，关闭燃料气进加热炉电磁阀 HV5015，当反应器入口温度 TIC5003 降至 250℃时，关闭燃料气温度控制阀 TV5003（图 2-4-8）。关闭燃料气进加热炉温度控制阀 TV5003 前后手阀 TV5003F、TV5003R。

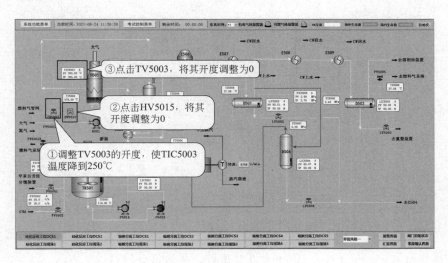

图 2-4-8

② 全开烟道挡板 PIC5003，进行自然通风（图 2-4-9）。

③ 24h（实际为 24s）后，关闭鼓风机 K501 出口阀门 XV5004。

④ 停鼓风机 K501（图 2-4-9）。

⑤ 关闭新氢进装置阀门 XV5003。

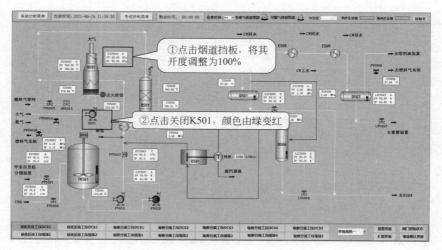

图 2-4-9

三、停 C501 压缩机

① 关闭中压蒸汽进循环氢压缩机 C501 透平阀门 XV5014。

② 关闭压缩机入口分液罐 D506 进口阀门 XV5011。

③ 全开冷却器分离罐 D503 去燃料气系统压力控制阀 PV5005（图 2-4-10）。

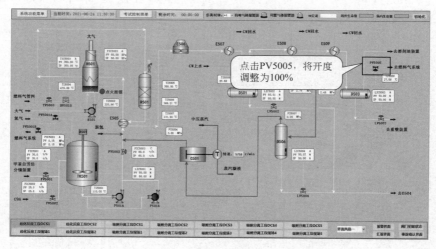

图 2-4-10

④ 当压缩机 C501 出口压力 PI5004 为常压后，关闭出口阀门 XV5013。

⑤ 关闭歧化反应器 R501 进口阀门 XV5005。

⑥ 关闭歧化反应器 R501 出口阀门 XV5006。

⑦ 停产品冷凝器 E506（图 2-4-11）。

⑧ 关闭后冷器 E507 循环急冷水上水阀门 XV5007。

⑨ 关闭冷却器 E508 循环急冷水上水阀门 XV5008。

⑩ 关闭歧化冷却器 E509 循环急冷水上水阀门 XV5009。

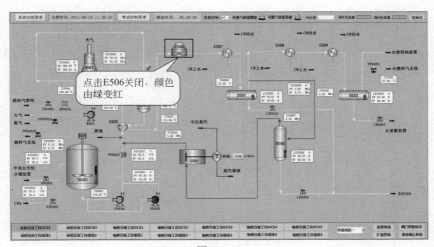

图 2-4-11

⑪ 当 D501 压力降至常压后，关闭冷却器分离罐 D503 去燃料气系统压力控制阀 PV5005（图 2-4-12）。

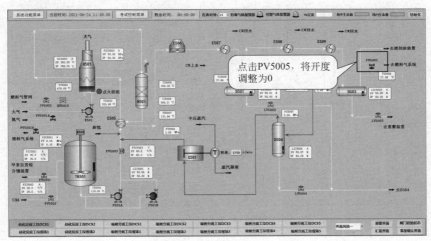

图 2-4-12

⑫ 关闭压力控制阀 PV5005 前后手阀 PV5005F、PV5005R。

⑬ 关闭产品分离罐 D501 气相出口阀门 XV5012。

⑭ 关闭汽提塔 T501 进料阀门 XV5101。

⑮ 关闭热油进汽提塔再沸器 E502 流量控制阀 FV5104（图 2-4-13）。

⑯ 关闭再沸器 E502 流量控制阀 FV5104 前后手阀 FV5104F、FV5104R。

⑰ 关闭塔顶回流泵 P502A 出口去界区流量控制阀 FV5102（图 2-4-14）。

⑱ 关闭去界区回收泵流量控制阀 FV5102 前后手阀 FV5102F、FV5102R。

⑲ 全开汽提塔 T501 回流流量控制阀 FV5101（图 2-4-15）。

⑳ 当汽提塔 T501 塔顶温度 TI5101 降至 70℃时，关闭塔顶出口阀门 XV5102。

㉑ 关闭冷凝器 E503 循环急冷水上水阀门 XV5103。

㉒ 全开塔顶回流罐 D502 去燃料气系统压力控制阀 PV5101。当塔顶回流罐 D502 压力 PI5102 降至 0.2MPa 时，关闭压力控制阀 PV5101（图 2-4-16）。

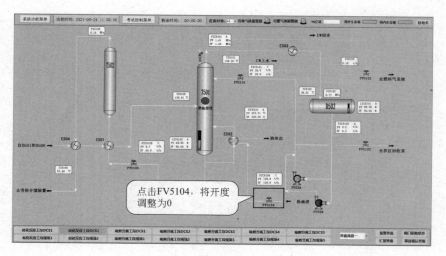

图 2-4-13

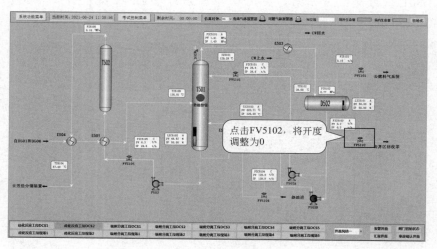

图 2-4-14

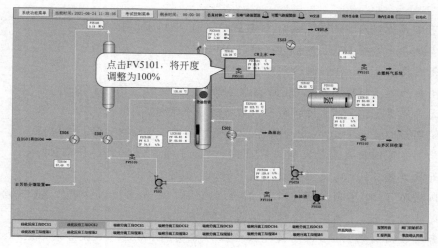

图 2-4-15

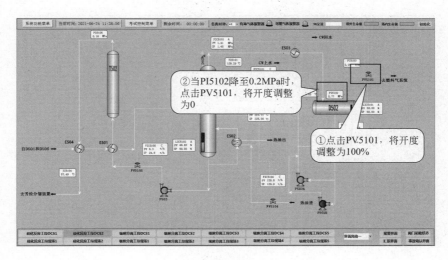

图 2-4-16

㉓ 关闭压力控制阀 PV5101 前后手阀 PV5101F、PV5101R。

㉔ 当塔顶回流罐 D502 液位 LIC5101 降至 0 时，关闭回流泵 P502A 出口阀门 XV5105A。

㉕ 停塔顶回流泵 P502A（图 2-4-17）。

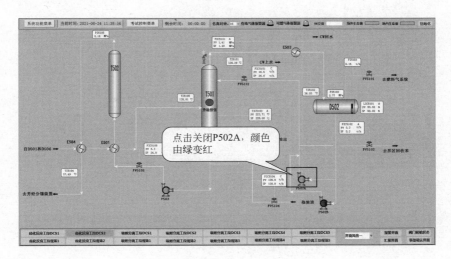

图 2-4-17

㉖ 关闭塔顶回流泵 P502A 进口阀门 XV5104A。

㉗ 关闭汽提塔 T501 回流流量控制阀 FV5101（图 2-4-18）。

㉘ 关闭汽提塔 T501 回流流量控制阀 FV5101 前后手阀 FV5101F、FV5101R。

㉙ 全开汽提塔 T501 塔釜流量控制阀 FV5105（图 2-4-19）。

㉚ 当汽提塔 T501 塔釜液位 LIC5102 降至 0 时，关闭汽提塔塔底泵 P503 出口阀门 XV5107。

㉛ 停汽提塔塔底泵 P503A（图 2-4-20）。

㉜ 关闭汽提塔塔底泵 P503A 进口阀门 XV5106。

㉝ 关闭汽提塔 T501 塔釜流量控制阀 FV5105（图 2-4-21）。

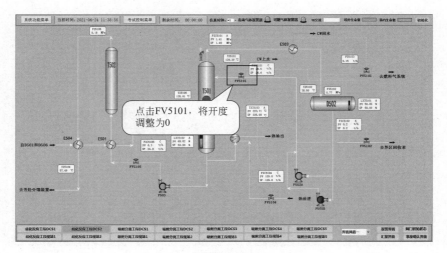

图 2-4-18

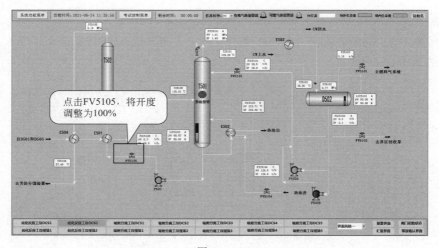

图 2-4-19

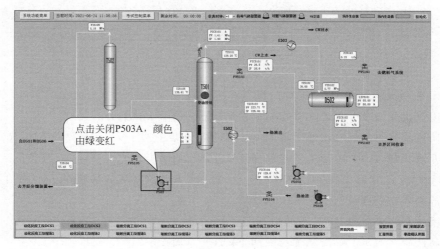

图 2-4-20

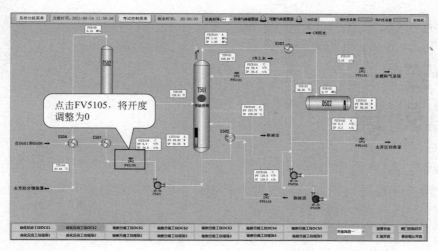

图 2-4-21

㉞ 关闭汽提塔 T501 塔釜流量控制阀 FV5106 前后手阀 FV5105F、FV5105R。

㉟ 关闭白土塔 T502 出口阀门 XV5108。

1. 请列出你在歧化工段停车过程中遇到的问题，并写出解决措施。

2. 请思考停车的三个过程能否改变顺序，为什么?

任务五
应急处理

任务描述

歧化装置具有高温、高压、易燃、易爆、流程长的特点，容易引发安全事故。在安全事故处理过程中应遵循"以人为本，安全第一"的原则，同时应采取有效措施保护"三剂"和设备的安全。当正常操作的安全常规模式被打破时，如果在有限的基础上继续操作是不现实的，则装置必须紧急停工以消除存在的危险。在正常生产中，可能会出现一些突发的事故，当事故发生时，执行"事故预案"或相关预案，退守到"安全稳定状态"，防止出现设备"超温、超压、超液位、跑、冒、泄漏"。歧化工段装置发生事故时如何处理，是本次任务需要学习的主要内容。

任务目标

知识目标

（1）掌握危险源辨识的方法；
（2）认知歧化工段的危险源要素；
（3）掌握歧化工段装置发生事故时的处理措施。

技能目标

（1）在操作过程中具备快速识别危险源的能力；
（2）在装置操作过程中能够快速、准确地判断装置发生的异常情况，并能够准确地处理发生的故障。

素质目标

（1）培养遇事不慌乱，冷静、沉着应对问题的能力；
（2）操作过程中，团队配合，提高小组合作、团队协作的能力；
（3）在操作过程中，培养安全意识。

1. 危险源分类

危险源概念：可能导致人身伤害和（或）健康损害的根源、状态或行为，或其组合。

按能量意外释放理论进行分类：

第一类危险源：生产过程中存在的，可能发生意外释放的能量（能源或能源载体）或危险物质。

第二类危险源：可能导致能量或危险物质约束或限制措施破坏或失效的各种因素。

一起伤亡事故的发生往往是两类危险源共同作用的结果。第一类危险源是伤亡事故发生的能量主体，决定事故后果的严重程度；第二类危险源是第一类危险源造成事故的必要条件，决定事故发生的可能性。第一类危险源的存在是第二类危险源出现的前提，第二类危险源的出现是第一类危险源导致事故的必要条件。因此危险源辨识的首要任务是辨识第一类危险源，在此基础上再辨识第二类危险源。

2. 危险源辨识方法

危险源辨识的方法很多，每种方法都有其目的性和适用范围。在辨识过程中，应结合具体情况采用两种或两种以上方法。下面介绍几种用于建立职业健康安全管理体系的危险源辨识方法：

① 询问交谈。通过询问对于某项工作具有丰富经验的人员或与其深入交谈，可初步分析出该工作中所存在的危险源。

② 现场观察。由熟悉安全技术知识和职业健康安全法规标准的人员对作业环境进行现场观察，可发现作业现场存在的危险源。

③ 查阅有关事故。例如查阅职业病的记录，从中发现存在的危险源。

④ 获取外部信息。从有关类似组织、文献资料、专家咨询等方面获取有关危险源的信息，加以分析研究，可辨识出存在的危险源。

⑤ 工作任务分析（JSA）。通过分析员工工作任务中所涉及的危害来识别有关的危险源。

⑥ 安全检查表（SCL）。通过运用已编制好的安全检查表，进行系统的安全检查，辨识出存在的危险源。

⑦ 故障类型及影响分析（FMEA）。对系统中的各子系统、设备或元件逐个分析可能出现的故障类型及其产生的影响来辨识设备元件存在的危险源。

⑧ 危险与可操作性研究（HAZOP）。以关键词为引导，找出工艺过程或状态的变化（即偏差），然后再继续分析造成偏差的原因、后果及可以采取的对策。

⑨ 事故树分析（FTA）。根据系统可能发生的或已经发生的事故后果，去寻找与事故发生有关的原因、条件和规律，通过这样一个过程分析，可辨识出系统中导致事故发生的有关危险源。

⑩ 事件树分析（ETA）。一种从初始原因事件开始，分析各环节事件"成功（正常）"

或"失败（失效）"的发展变化过程，并预测各种可能结果的方法，通过对系统各环节事件的分析，查找系统中的危险源。

3. 化工安全管理和事故应急管理措施

（1）提高员工的安全管理意识　人类的行动一般是受到意识支配的，正是因为如此，相关管理人员尤其需要重视安全管理工作，这样才能让安全管理工作发挥出真正的效果。因此，化工企业需要着重培养工作人员的安全意识。

（2）加强班组安全建设　要从根本上保障化工企业在生产过程中的安全性，就需要加强工作人员在工作过程中对安全生产和管理工作的重视程度。对班组制度进行有效的完善以及管理，要将安全管理工作责任进行划分，并落实到个人，这样才能从根本上促进安全生产责任的有效落实。

（3）排除生产中的事故隐患　在化工企业日常生产过程中，会存在一些安全隐患，如很多化工设备都是在高温高压的状态下工作，或是在生产过程中要持续保持高速运转。正是由于这些原因，安全管理人员需要在提升工作人员安全意识的基础上，对生产中出现的问题以及安全隐患给予高度重视，及时地发现问题，通知相关的责任人员及时解决问题、排除故障。

（4）进行定期的检查和维修　化工生产过程中，需要工作人员长期地对生产设备进行维护和保养，随时检查设备是否存在漏油、声音异常等故障，并定期或者不定期地对易损设备进行检查，重点查看设备部件的磨损程度。在设备使用过程中，工作人员要严格遵守相关的操作规范，避免因为操作不当所造成的设备故障。

（5）为化工产品管理创造良好环境　由于一些化工产品具有毒性和腐蚀性，因此部分化工产品要存放在干燥并且没有阳光直射的地方，避免化工产品对化学设备以及工作人员身体造成损害，这就需要相关工作人员具备强有力的管理执行能力和责任心。

活动 1：填写歧化工段主要危险因素分布表

完成歧化工段主要危险因素分布概况表 2-5-1。

对二甲苯（PX）歧化工段生产区域主要设备包括：塔、反应器、加热炉、泵、压缩机、空冷器、电动机等，还有储罐区、含油污水处理区以及配电室等。完成主要危险因素分布概况表（表 2-5-1）。

表 2-5-1　主要危险因素分布概况

生产区	塔	火灾、爆炸、中毒、高处坠落、烫伤
	反应器	
	加热炉	

续表

生产区	重沸炉	
	泵	
	压缩机	
	空冷器	
	电动机	
储罐区	储罐、阀门、管线	
含油污水处理区	雨水池、泵	
配电室	电网	
	变压器	

活动 2：歧化循环氢压缩机停机事故处置

歧化循环氢压缩机停机事故处置见表 2-5-2。

表 2-5-2　歧化循环氢压缩机停机事故处置

	事故处置	负责人
发现异常	①循环氢压缩机 C501 出口压力 PI5004 低压报警（报警值 2.7MPa）	外操（P）
	②循环氢压缩机 C501 停机报警	外操（P）
现场确认、报告	现场确认有①、②所述事故现象，通知内操	外操（P）
	DCS 界面确认有①、②报警信号	内操（I）
	在 HSE 事故确认界面，选择"歧化循环氢压缩机停机"按钮进行事故汇报	内操（I）
事故处置步骤	联系调度室了解外界情况	班长（M）
	收到，界区外操检查现场，汇报现场具体情况	调度室（C）
	中压蒸汽系统出现故障，暂无法恢复	外操（P）
	收到，中压蒸汽系统无法恢复，立即启动循环氢压缩机停机事故应急处理预案，调度室及时通知装置领导	班长（M）
	收到	调度室（C）
	收到	内操（I）
	现场按循环氢压缩机急停按钮	外操（P）
	汇报主操"循环氢压缩机急停按钮已按下"	外操（P）
	关闭中压蒸汽进循环氢压缩机 C501 透平阀门 XV5014	外操（P）
	报主操"中压蒸汽进循环氢压缩机 C501 透平阀门 XV5014 已关闭"	外操（P）
	关闭循环氢压缩机 C501 出口阀门 XV5013	外操（P）
	汇报主操"循环氢压缩机 C501 出口阀门已关闭"	外操（P）
	全开新氢进装置阀门 XV5003	外操（P）
	汇报主操"新氢进装置阀门 XV5003 已全开"	外操（P）

PX 芳烃一体化装置操作

事故处置		负责人
事故处置步骤	关闭压缩机入口分液罐 D506 进口阀门 XV5011	外操（P）
	汇报主操"压缩机入口分液罐 D506 进口阀门 XV5011 已关闭"	外操（P）
	关闭压缩机入口分液罐 D506 液位控制阀 LV5004	内操（I）
	汇报班长"压缩机入口分液罐 D506 液位控制阀 LV5004 已关闭"	内操（I）
	汇报调度室"循环氢压缩机已停止并隔离，新氢系统阀门已全开，请尽快确定界区中压蒸汽恢复时间"	班长（M）

活动 3：歧化补充氢中断事故处置

歧化补充氢中断事故处置见表 2-5-3。

表 2-5-3　歧化补充氢中断事故处置

事故处置		负责人
发现异常	①歧化反应器 R501 出口温度 TI5006 高温报警（报警值 350℃）	外操（P）
	②冷却器分离罐 D503 液位 LIC5003 高位报警（报警值 60%）	外操（P）
现场确认、报告	现场确认有②所述事故现象，通知内操	外操（P）
	DCS 界面确认有①、②报警信号	内操（I）
	在 HSE 事故确认界面，选择"歧化补充氢中断"按钮进行事故汇报	内操（I）
事故处置步骤	联系调度室了解外界情况	班长（M）
	收到，界区外操检查现场，汇报现场具体情况	调度室（C）
	界区新氢系统出现故障，暂无法恢复	外操（P）
	收到，界区新氢系统无法恢复，立即启动补充氢中断事故应急处理预案，调度室及时通知装置领导	班长（M）
	收到	调度室（C）
	收到	内操（I）
	现场关闭新氢进装置阀门 XV5003	外操（P）
	汇报班长"新氢进装置阀门 XV5003 已关闭"	外操（P）
	调节歧化反应器进料量 FIC5003 为正常值的 50%	内操（I）
	汇报班长"歧化反应器进料量已调整为正常值的 50%"	内操（I）
	汇报调度室"请其他车间降量生产，请调度室尽快恢复新氢供应"	班长（M）

1. 结合对二甲苯装置歧化工段的实际运行状况，概述其存在的危险源并进行风险分析。

2. 概述化工装置应急处理的基本流程，思考企业在面对紧急事故时如何采用有效的措施做好应对。

3. 简述内操、外操、班长、安全员、调度室的主要职责。

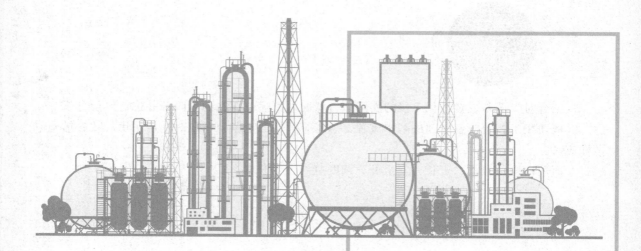

模块三

吸附分离装置操作

原料在歧化反应器中发生反应生成芳烃，通过歧化工段初步分离出 C_8 混合芳烃和其他烃类。通过吸附分离的方法从 C_8 混合芳烃中分离出对二甲苯。通过对吸附分离工段工艺流程的认知，学习吸附分离工段主要工艺参数的控制，进而对吸附分离工段进行开、停车操作。生产过程中，由于工段涉及的易燃易爆物质较多，需要掌握吸附分离工段事故的应急处置方法。

任务一
吸附分离工段工艺流程认知

任务描述

模块二学习了歧化反应的反应原理及工艺流程，原料经过歧化反应后，反应产物经过汽提塔，去除产物中的苯类，后续反应产物经过芳烃分馏装置，除去比C_8混合芳烃轻的组分（甲苯）和比C_8混合芳烃重的组分，剩余的反应产物为C_8混合芳烃。如何从C_8混合芳烃中分离出用途广泛、附加值较高的对二甲苯，分离对二甲苯的原理是什么，工艺流程是什么，用到什么样的设备等，是本任务需要学习的内容。

任务目标

👁 知识目标

（1）掌握吸附分离工段的反应原理；

（2）根据装置工艺流程方块图，掌握流程中吸附分离塔、旋转阀（转阀）、精馏塔等设备的原理及作用。

👁 技能目标

（1）能够熟练地识读和绘制吸附分离工段工艺流程示意图；

（2）能够识读吸附分离工段带控制点的工艺流程图；

（3）根据工艺流程，能够理解仪表的调节过程。

👁 素质目标

（1）通过识读工艺流程图，培养独立思考、逻辑分析、自主学习的能力；

（2）通过绘制工艺流程图和同学间的互评，提高查找问题、精益求精的能力；

（3）通过叙述工艺流程，提升语言表达的能力。

1. 吸附原理

C_8 混合芳烃中具有 4 种异构体，分别为对二甲苯、间二甲苯、邻二甲苯、乙苯，四种异构体的物性情况如表 3-1-1 所示。

表 3-1-1　C_8 混合芳烃四种异构体的物性情况

物性	单位	邻二甲苯	间二甲苯	对二甲苯	乙苯
20℃密度	kg/m³	874.5	864.1	861.6	866.9
冰点	℃	−25.173	−47.872	13.263	−94.975
沸点	℃	144.41	139.104	138.355	136.86
汽化热	cal/kg	82900	82000	81200	81000
溶解热	kcal/kg	3260	2760	4090	2193

注：1cal=4.18J。

由表 3-1-1 可以看出，C_8 混合芳烃四种异构体物性相似，沸点相差很小，采用常规精馏方法很难分离，工业上常采用深冷结晶、络合分离、吸附分离等。吸附分离是引入一种解吸剂（解吸剂的沸点和四种异构体的差别较大，便于后续精馏分离），作为中间物质，利用吸附能力的相对大小将对二甲苯和其他三种 C_8 混合芳烃异构体分离开，后续再对解吸剂和PX 的混合液进行精馏，分离出 PX 产品。

吸附分离工艺是利用一种分子筛作为吸附剂，它对 C_8 混合芳烃四种异构体具有不同的选择性，会优先吸附对二甲苯，然后利用解吸剂将吸附在吸附剂上的对二甲苯解吸下来，再经过精馏得到高纯度的对二甲苯产品。

吸附分离工艺所用的吸附剂是 SPX3003 型分子筛吸附剂，吸附剂吸附能力的相对大小为：H_2O＞苯（BZ）＞对二甲苯（PX）＞对二乙苯（PDEB）＞甲苯（TOL）＞乙苯（EB）＞邻二甲苯（OX）＞间二甲苯（MX）。

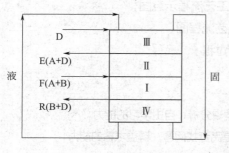

图 3-1-1　移动床示意图

由于要求解吸剂吸附能力要弱于对二甲苯，且要强于乙苯、邻二甲苯和间二甲苯，故可选择对二乙苯、甲苯作为解吸剂。本模块 PX 吸附分离单元采用对二乙苯（PDEB）作为解吸剂。

（1）移动床原理　吸附分离过程连续进行，必须有四股物料连续进出吸附床层。如图 3-1-1 所示，液体由床层上部流向下部，固体由下而上。设定某物料由A、B 两种组分组成，A 为易吸附组分（PX），B 为难吸附组分（EB、OX、MX），在床层某一部位进入吸附床，另一股床层进料为解吸剂 D。出床层的物料为抽余液 R 和抽出液 E。

移动床操作中固体循环是一个很棘手的问题。当固体循环流动时，第一会带来吸附剂机械磨损问题，第二很难做到固体均匀流动。若固体流动不均匀，吸附分离效果大大降低，因此开发了模拟移动床工艺，既保持了逆向流动的工艺特性，又避免了吸附剂移动带来的困难。

（2）模拟移动床原理　模拟移动床是保持吸附床层中吸附剂静止，周期性地改变物料进出口的位置，沿着液体流动方向移动，从而模拟固体向相反方向移动，达到与移动床一样的效果。

（3）环形吸附室　模拟移动床要维持两个循环即液体循环和固体循环，通常最直观的是环形吸附室，但环形设备制造困难，可采用两个串联的吸附塔来代替环形吸附室。本套吸附分离装置每个吸附塔内有 12 个床层，利用两台循环泵将两个塔首尾相接，使 24 个床层形成一个闭合回路，循环泵维持液流周期性地沿 24 个床层循环，如图 3-1-2 所示。

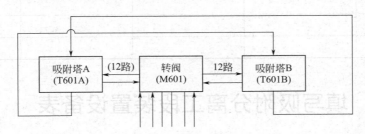

图 3-1-2　双塔串联模拟移动床原理

（4）旋转阀　为了不断改变环形吸附室的进出料位置，设置旋转阀，定时控制环形吸附室的进出料，使环形吸附室实现模拟移动床的功能。

2. 分馏原理

吸附单元使用吸附剂和解吸剂，将沸点相近的对二甲苯（PX）和其他 C_8 混合芳烃分为两部分，分别从环形吸附室的不同床层抽出，称为抽出液（富含 PX）和抽余液（富含除 PX 外的其他 C_8 混合芳烃），并进入 PX 和其他 C_8 芳烃的分离单元。

（1）抽余液塔　抽余液塔为精馏塔，富含除 PX 之外的其他 C_8 混合芳烃和解吸剂、对二乙苯的混合液进入抽余液塔进行精馏分离，由于对二乙苯的沸点为 183.42℃，与 C_8 芳烃沸点差较大，可以将 C_8 芳烃侧线采出经过异构化缓冲罐送往异构化单元，塔底采出解吸剂送往解吸剂缓冲罐。

（2）抽出液塔　抽出液塔为精馏塔，富含 PX 和解吸剂的混合液进入抽出液塔进行精馏，由于对二乙苯的沸点与 PX 沸点相差较大，PX 从塔顶采出送往成品塔。塔底采出解吸剂送往解吸剂缓冲罐。

（3）成品塔　成品塔为精馏塔，来自抽出液塔顶富含 PX 的液体进入成品塔，成品塔塔顶采出甲苯，塔底采出 PX。

（4）解吸剂再蒸馏塔　由抽余液塔塔釜和抽出液塔塔釜采出的解吸剂进入解吸剂缓冲罐中，由于解吸剂中混杂有少量的重组分，为防止重组分在系统内积累，解吸剂从解吸剂缓冲罐进入解吸剂再蒸馏塔，塔顶采出解吸剂送回解吸剂缓冲罐，塔釜少量的重组分去燃料油系统，以达到除去少量重组分的目的。

活动 1: 填写吸附分离工段原料和产品性质表

查阅资料，完成吸附分离工段原料和产品性质表 3-1-2。

表 3-1-2　吸附分离工段原料和产品性质表

原料或产品	物理性质	化学性质	危险性	防护措施

活动 2: 填写吸附分离工段装置设备表

根据吸附分离工段原理的学习，熟悉吸附分离工段工艺流程方框图（图 3-1-3），小组讨论并思考吸附分离装置需要哪些设备，各种设备的作用分别是什么，设备进出口物料各是什么。完成表 3-1-3。

表 3-1-3　吸附分离工段装置设备表

序号	设备名称	进口物料的主要组分	出口物料的主要组分	设备主要作用
1				
2				
3				
4				
5				
6				
7				
8				
9				
10				

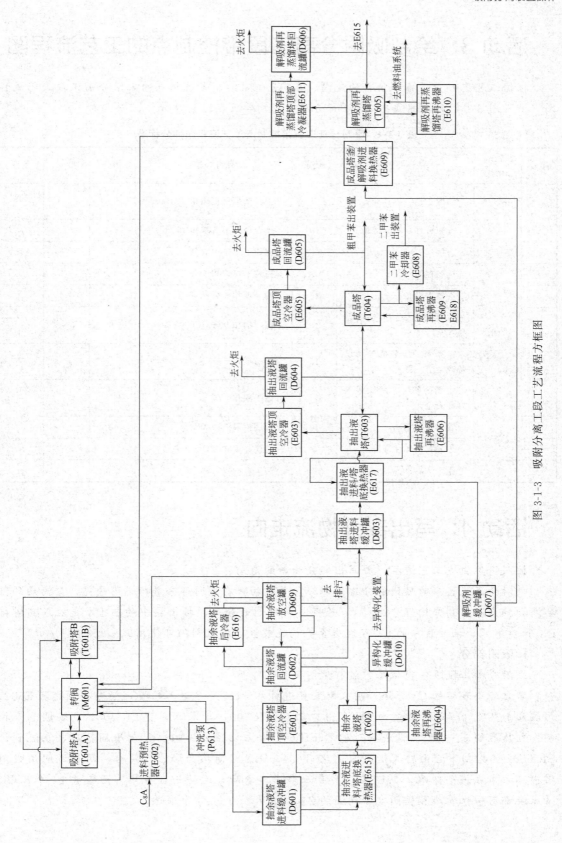

图 3-1-3 吸附分离工段工艺流程方框图

活动 3：绘制吸附分离工段带控制点的工艺流程图

根据工艺流程中设备和物料的流向，在 A3 纸上绘制带控制点的吸附分离工段工艺流程图（见附图 3-1-4），并根据表 3-1-4 评分标准，同学互换进行评分。

表 3-1-4　吸附分离工段带控制点工艺流程图评分标准

序号	考核内容	考核要点	配分	评分标准	扣分	得分	备注
1	准备工作	绘图工具、用具准备	5	工具携带不正确扣 5 分			
2		排布合理，图纸清晰	10	不合理、不清晰扣 10 分			
3		边框	5	格式不正确扣 5 分			
4		标题栏	5	格式不正确扣 5 分			
5		塔器类设备齐全	15	漏一项扣 5 分			
6	图纸评分	主要加热炉、换热器设备齐全	15	漏一项扣 5 分			
7		主要泵、压缩机等动设备齐全	15	漏一项扣 5 分			
8		主要的储罐、回流罐等容器齐全	15	漏一项扣 5 分			
9		管线走向正确	10	管线错误一条扣 5 分			
10		主要物料标注准确	5	错误一项扣 2 分			
	合计		100				

活动 4：写出部分物流走向

按照岗位叙述工艺流程，并写出部分物料的走向。

吸附分离装置分为吸附和分馏两部分。首先物料在吸附部分进行吸附分离，分离后的抽余液和抽出液送到分馏部分进行 C_8 芳烃与解吸剂的分离，抽出液中的粗 PX 送入成品塔得 PX 和粗甲苯，抽余液中的 C_8 芳烃送至异构化装置，解吸剂循环使用。

1. 吸附部分

吸附分离工段吸附岗位工艺流程见图 3-1-5。

来自二甲苯塔的 C_8 芳烃，用吸附装置进料泵 P413A/B 送入装置，经进料预热器 E602，用热油加热至 177℃，热量由 E602 出口温度 TIC6001 与热油流量 FIC6001 串级调节来控制。预热后的 C_8 芳烃经过进料过滤器 FIL601 除去粒径 $d \geqslant 100\mu m$ 杂质颗粒后，在流量计 FIC6002 的控制下经由转阀送到吸附塔 T601A/B。吸附塔为 A、B 两台，两台之间用吸附塔循环泵串成一个环路，循环泵一共有三台，其中两台运转一台备用。两塔共 24 个床层，每床层都有一根管线和转阀定子周围的 24 孔相连，构成 24 个通道。

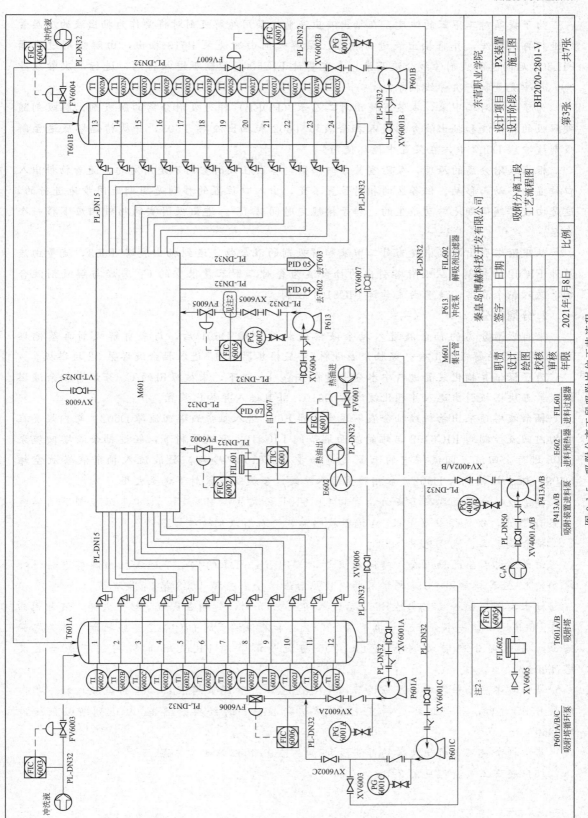

图 3-1-5　吸附分离工段吸附岗位工艺流程

为了提高对二甲苯的纯度，在抽出液出液前床层用纯解吸剂对将要作为抽出液的床层管线进行再次冲洗，并将抽出液进行精馏。该解吸剂由冲洗泵 P613 抽出，由解吸剂过滤器 FIL602 后的总解吸剂管线分流而来，在流量计 FIC6005 控制下进入转阀，进行二次管线冲洗，其冲洗量和一次管线相等。

为了解吸对二甲苯，本装置使用对二乙苯（PDEB）作为吸附分离的解吸剂，解吸剂随被解吸的抽余液和抽出液分别进入抽余液塔 T602 和抽出液塔 T603，并从精馏塔底送至解吸剂缓冲罐 D607 中，在装置中循环使用。

根据吸附分离的原理，吸附室共分四个区，各区在吸附室内不是固定的，随着物料出入口位置的移动而移动，但各区的相对位置不变，出入口位置的移动是周期地同步地进行的，这是由旋转阀周期地转动产生的，转子按规定时间转 15°，进出吸附室的物料相应下移一个床层。

从吸附塔引出的抽出液为对二甲苯和解吸剂的混合物，送到抽出液塔 T603，流量由流量计 FIC6201 控制。从吸附塔引出的抽余液为含对二甲苯量很少的 C_8 芳烃与解吸剂混合物，送入抽余液塔，流量由流量计 FIC6101 控制。

2. 分馏部分

来自吸附分离的抽余液进入抽余液塔进料缓冲罐 D601 后，与来自解吸剂再蒸馏塔 T605 再生后的解吸剂汇合，经抽余液进料/塔底换热器 E615 进入抽余液塔第 32 块塔板。

为了保证异构化装置进料中水分含量在 5mg/kg 以下，未被吸附的 C_8 芳烃自抽余液塔侧线第五块塔板引出送入异构化缓冲罐 D610，并且送入异构化装置。

抽余液塔顶采出物料经抽余液塔顶空冷器 E601 进入抽余液塔回流罐 D602。罐内烃类在塔的内回流控制阀 FIC6102 与罐的液面调节阀 LIC6102 串级控制下，经过抽余液塔回流泵 P606 进行全回流。回流罐中的未凝气进一步在 E616 中冷却，凝液流入抽余液塔放空罐 D609，罐中烃相流入 D602。水相放至污水系统，不凝气在氮封下送至火炬。

抽余液塔底解吸剂在塔液面调节阀 LIC6101 和流量控制阀 FIC6104 串级控制下用塔底泵 P605A/B，经过换热器 E615 与进料换热后，进入解吸剂缓冲罐 D607。

抽余液塔工艺流程见图 3-1-6。

由吸附塔引出的抽出液经转阀在流量调节阀 FIC6201 的控制下送入抽出液塔进料缓冲罐 D603，经过换热器 E617 与塔底物料换热后进入抽出液塔 T603 第 27 块塔板。

抽出液塔顶物料经空冷器 E603 后进入回流罐 D604，气相在氮封下排至火炬，液相用回流泵 P609 送出，一部分在流量调节阀 FIC6202 和液位调节阀 LIC6202 串级控制下作为塔的回流，另一部分在塔温调节阀 TIC6206 与流量调节阀 FIC6205 串级控制下送至成品塔 T604。

抽出液塔底物料在塔釜液位调节阀 LIC6201 和流量调节阀 FIC6204 的串级控制下用塔底泵 P607 送出，并与该塔进料在 E617 中进行换热，再经换热器 E609 送到解吸剂缓冲罐 D607。

其中抽余液塔与抽出液塔的再沸器 E604、E606 均以热油为热源。

抽出液塔工艺流程见图 3-1-7。

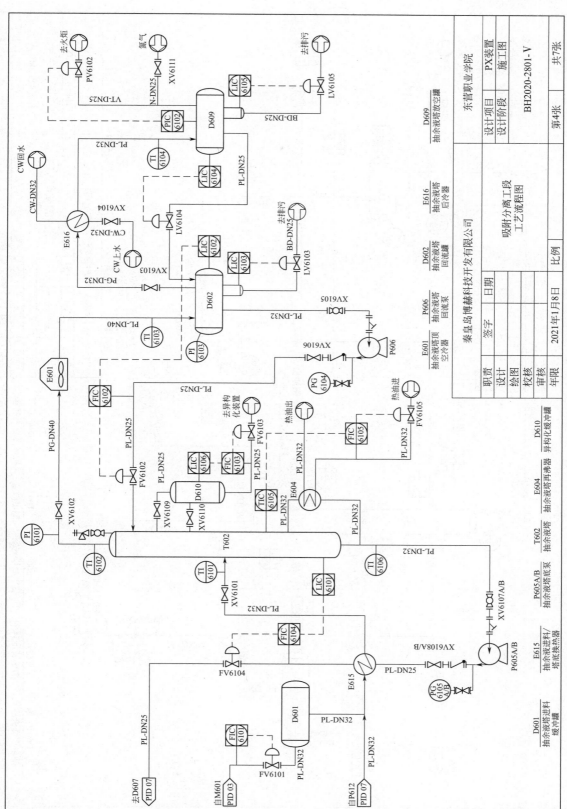

图 3-1-6 吸附分离工段抽余液塔工艺流程

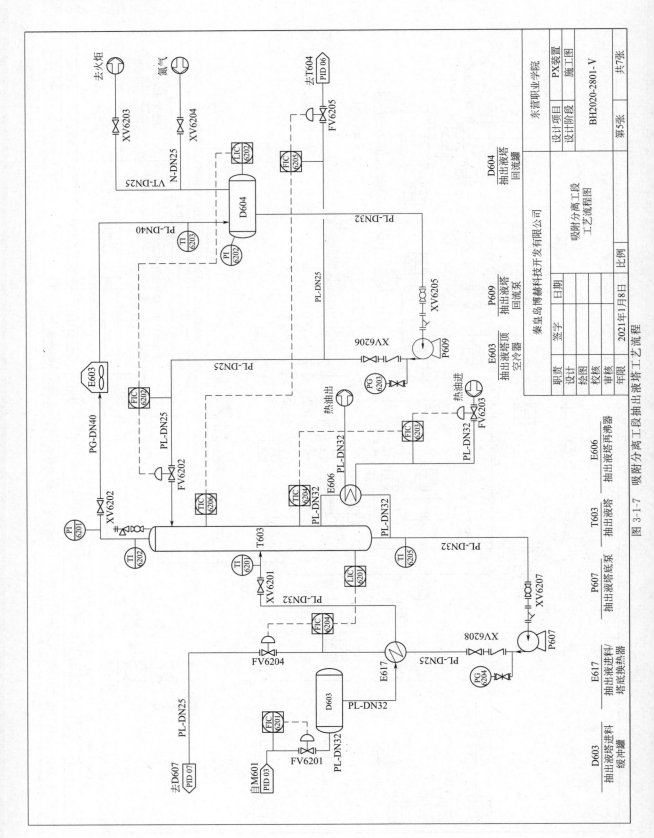

图 3-1-7 吸附分离工段抽出液塔工艺流程

来自抽出液塔 T603 的塔顶产物进入成品塔 T604 的第 21 块塔板。塔顶产品经空冷器 E605 冷凝后，进入回流罐 D605，气相在氮封下放至火炬，烃相为粗甲苯，用回流泵 P611 采出，一股物料在流量调节阀 FIC6301 与塔的第四块塔板温度调节阀 TIC6304 的串级控制下回流至塔内。另一股物料在 D605 液位调节阀 LIC6302 与流量调节阀 FIC6302 的串级控制下送至罐区。

成品塔塔底产品用塔底泵 P610A/B 送至对二甲苯冷却器 E608，冷却后在该塔釜液位调节阀 LIC6301 和流量调节阀 FIC6305 的串级控制下，送到对二甲苯罐。

成品塔的再沸器 E609 用来自解吸剂缓冲罐 D607 的解吸剂作为热源，不足的热量用 E618 蒸汽再沸器的蒸汽加热。

成品塔工艺流程见图 3-1-8。

在解吸剂缓冲罐 D607 中的解吸剂由泵 P604 抽出后，经成品塔再沸器 E609 在温度控制下送入吸附岗位，另一小部分送入解吸剂再蒸馏塔。

解吸剂从解吸剂再蒸馏塔 T605 的 10 或 18 块塔板进入，以除去由于运输和循环中产生的重组分，塔顶物料经塔顶冷凝器 E611 送入回流罐 D606，不凝气在氮封下送入火炬；烃相用回流泵 P612 送出，一部分在流量调节阀 FIC6402 控制下作为回流液，另一部分在 D606 液位控制下与来自抽余液进料缓冲罐的抽余液混合后进入 T602 塔。

塔底重组分经水冷器 E614 冷却后用塔底泵 P614 送至燃料油系统。该塔的再沸器 E610 的热源由热油流量 FIC6401 控制。

解吸剂再蒸馏塔工艺流程见图 3-1-9。

试一试：写出流程中物质对二甲苯、解吸剂的流向。

对二甲苯流向：转阀（M601）→吸附塔（T601A/B）→抽出液塔进料缓冲罐（D603）→抽出液进料/塔底换热器（E617）→抽出液塔（T603）→抽出液塔顶空冷器（E603）→抽出液塔回流罐（D604）→成品塔（T604）→成品塔再沸器（E609、E618）→二甲苯冷却器（E608）→二甲苯出装置

解吸剂流向一：转阀（M601）→吸附塔（T601A/B）→抽余液塔进料缓冲罐（D601）→抽余液进料/塔底换热器（E615）→抽余液塔（T602）→抽余液塔再沸器（E604）→抽余液进料/塔底换热器（E615）→解吸剂缓冲罐（D607）→成品塔釜/解吸剂进料换热器（E609）→解吸剂再蒸馏塔（T605）→解吸剂再蒸馏塔顶部冷凝器（E611）→解吸剂再蒸馏塔回流罐（D606）→抽余液进料/塔底换热器（E615）→解吸剂缓冲罐（D607）

解吸剂流向二：转阀（M601）→吸附塔（T601A/B）→抽余液塔进料缓冲罐（D601）→抽余液进料/塔底换热器（E615）→抽余液塔（T602）→抽余液塔再沸器（E604）→抽余液进料/塔底换热器（E615）→解吸剂缓冲罐（D607）→成品塔釜/解吸剂进料换热器（E609）→转阀（M601）

解吸剂流向三：

_____

_____

_____

_____

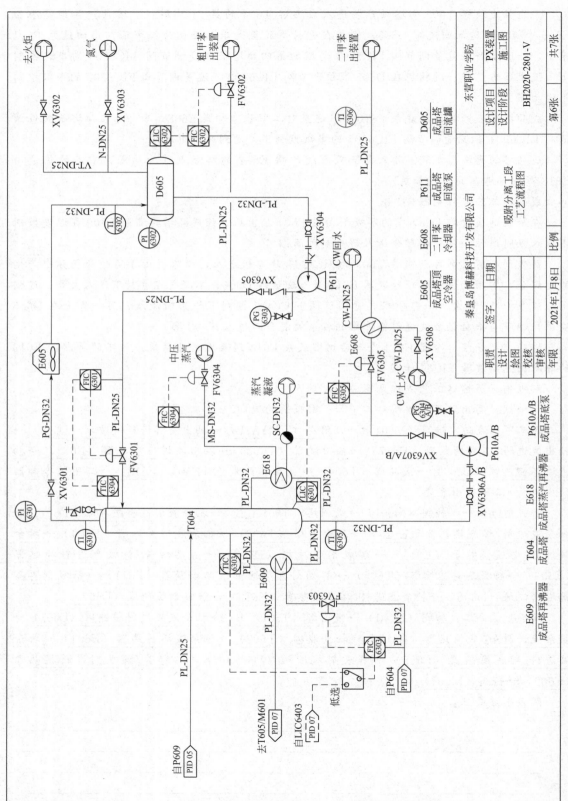

图 3-1-8　吸附分离工段成品塔工艺流程

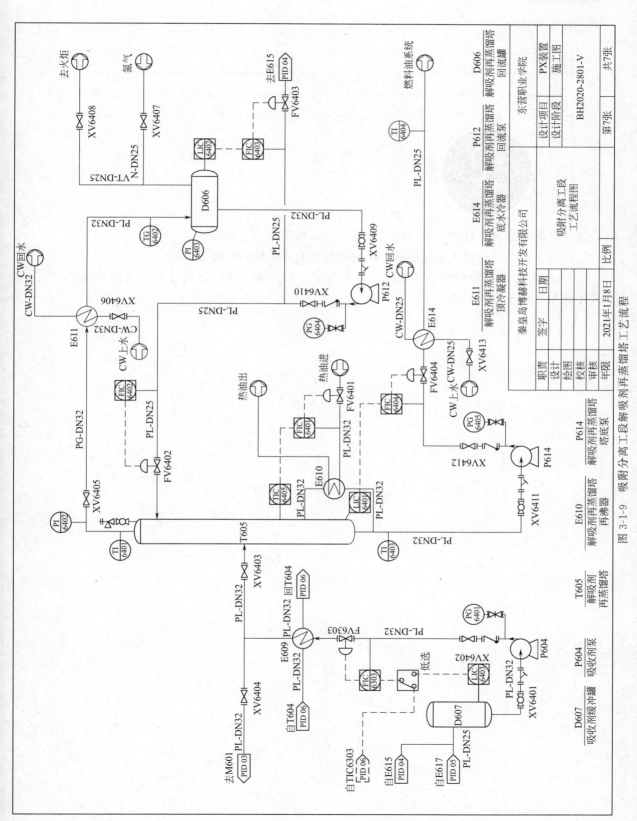

图 3-1-9 吸附分离工段解吸剂再蒸馏塔工艺流程

解吸剂流向四：

_____

_____

_____

_____

1. 对吸附分离工段带控制点的成品塔工艺流程图进行文字描述。

2. 写出成品塔的轻重关键组分，思考如何控制成品塔的轻组分含量。

3. 结合 C_8 芳烃物料的物理性质，思考除了吸附分离方法，还有什么方法能够从 C_8 芳烃中将对二甲苯分离出来。

任务二
吸附分离工段主要设备工艺参数控制

任务描述

　　吸附分离装置操作过程主要通过DCS系统控制，DCS系统接收来自吸附分离装置现场的温度、压力、液位、流量等信息，然后又通过DCS将控制指令发送到吸附分离装置现场进行控制。主控制室内操岗位及时掌握参数的动态，分析判断装置生产的变化趋势，并且及时做出调节，使这些工艺参数控制在允许的波动范围内，生产出合格的产品。因此，吸附分离工段有哪些重要的控制点，当吸附分离工段工艺参数出现波动之后该如何调控，是本次任务需要学习的主要内容。

任务目标

👁 **知识目标**

（1）掌握吸附分离工段主要设备的工艺参数对产品的影响；

（2）掌握吸附分离工段主要设备工艺参数的调节方法。

👁 **技能目标**

（1）能够理解并分析工艺参数变化的影响；

（2）能够熟练地进行吸附分离工段主要设备工艺参数的调节。

👁 **素质目标**

（1）通过调节控制波动的参数，培养独立思考、逻辑分析和操作的能力；

（2）通过内外操的合作，共同处理遇到的异常情况，提高小组合作、团队协作的能力。

活动 1：调节吸附塔进口温度

　　查阅相关资料，小组讨论吸附塔进口温度的变化对吸附效果的影响，结合带控制点的工艺流程图，讨论当吸附塔进口温度出现变化时，如何维持温度。

　　从三个方面进行思考：

　　1. 温度变化对吸附单元有何影响？

　　吸附分离是在恒温恒压下运转的物理过程，从热力学角度来看，吸附是放热过程，温度宜低。解吸是吸热过程，温度宜高。从动力学角度看，高温有利于吸附分离的传质速度，然而吸附剂的选择性下降。由于吸附热和解吸热均较小，故可把吸附和解吸放在一个吸附室内相同的条件下进行，177℃是经实验确定的对吸附和解吸都合适的条件。

　　2. 吸附单元温度变化的原因是什么？

　　转阀共有三股进料和三股出料，三股进料分别为 C_8 芳烃进料、来自吸附剂缓冲罐经成品塔釜和解吸剂进料换热器换热后循环回的解吸剂、冲洗泵返回吸附塔的冲洗液；三股出料分别是冲洗泵的进料、去抽出液塔的物料和去抽余液塔的物料。吸附塔温度跟这六股物流密切相关，其中由于进出冲洗泵（P613）的物流管线较短，中间无换热器，对吸附塔的温度影响不大，稳定工况下，去抽余液塔和抽出液塔的流量和组成变化不大，因此，对吸附塔温度影响不大。来自解吸剂缓冲罐的吸附剂经成品塔釜/解吸剂进料换热器换热后进入转阀，该换热器的换热量与解吸剂进入转阀的温度相关。

　　当成品塔釜/解吸剂进料换热器塔釜出料的温度和流量发生波动时，引起进转阀解吸剂的温度变化，引起吸收塔的温度变化。另外成品塔釜/解吸剂进料换热器由于换热器本身的结垢等原因导致换热效率的下降也会引起解吸剂进转阀的温度变化。

　　3. 根据 PID 图，吸附单元的温度如何控制？

　　来自芳烃精馏单元的 C_8 芳烃经过换热器 E602 与热油换热后，温度升高进入转阀，换热效果的好坏与换热器的性能和热油的流量和温度有关。当换热后 C_8 芳烃的温度不在正常控制范围内时，应检查换热器的结垢情况、有无换热管的堵塞等问题。另外检查热油的流量和温度是否正常。

　　吸附塔温度的控制方面，一般保持各股物料进出转阀的流量不变，通过控制热油进换热器的流量控制阀 FV6001 控制热油进 E602 的流量，进而控制 C_8 芳烃进转阀的温度，该温度控制在 177℃。当转阀进口温度上升时，如图 3-2-1 所示，通过关小热油进换热器 E602 的流量控制阀 FV6001，减少热油流量，从而降低 C_8 芳烃进入转阀的温度，降低吸附塔的温度。

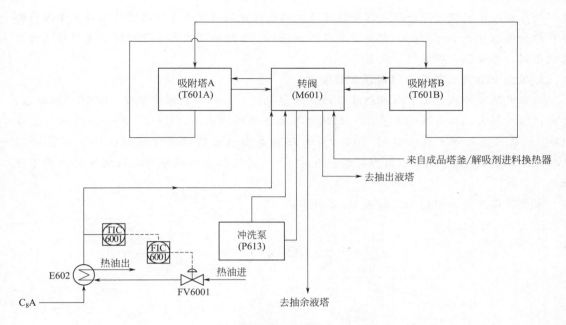

图 3-2-1　吸附单元温度控制工艺

活动 2：调节抽余液塔压力

　　查阅相关资料，讨论抽余液塔压力变化对抽余液塔运行效果的影响，结合带控制点的工艺流程图，讨论当抽余液塔压力出现变化时，如何维持抽余液塔压力。

　　从三个方面进行思考：

1. 抽余液塔压力变化对产品有什么影响？

　　压力对整个精馏塔组分的沸点有直接影响，随着塔压升高，产品的沸点也会升高，维持同样的回流所需的热量增加。如果塔的压力降低，在塔温不变的情况下，塔顶拔出率就会上升，塔顶产品容易夹带重组分。反之，如果压力升高则轻组分不易拔出，塔底组分中易夹带轻组分。所以正常操作时不要随意改变塔压，塔操作的稳定性主要靠温度调整控制。如果塔压发生变化则应及时对塔温进行调整，避免塔顶夹带重组分和塔底夹带轻组分。

2. 塔压发生变化的原因是什么？

　　当进料组分发生较大变化或冷凝器的冷却效率降低，均会影响塔顶压力的变化。当进料中不凝气体的含量增加，在抽余液塔放空罐（D609）的排不凝气体阀门开度不变情况下，塔顶压力升高，若压力偏离标准值较大，通过自控可能引起压力的震荡，此时可先人工控制排不凝气体阀门（PV6102）的开度，当压力控制在接近压力设定值时，将控制回路调至自控状态。

　　当塔顶冷凝器（E601/E616）的冷凝效率降低时，塔顶供给物料的冷负荷减少，塔顶气相因得不到足够的冷量而不能被完全冷凝，这种情况造成的塔压升高仅靠开大回流罐的排不凝气体阀门（PV6102）的开度维持塔压是不可行的，会造成产品的损耗。

　　当塔顶的循环水上水温度升高时，换热的效果也会变差，这种情况下塔顶气相因得不到

PX 芳烃一体化装置操作

足够的冷量也不能被完全冷凝，这种情况造成的塔压升高仅靠开大回流罐排不凝气体阀门的开度维持塔压也是不可行的，也会造成产品的损耗。当塔顶压力发生变化时应先明确压力变化的原因，再采取合理的控制措施。

3. 根据 PID 图，抽余液塔塔压如何控制？

抽余液塔顶的压力由于与抽余液塔回流罐（D602）和抽余液塔放空罐（D609）相连通，忽略掉阻力损失，抽余液塔（T602）的压力与抽余液塔回流罐（D602）和抽余液塔放空罐（D609）的压力相等，抽余液塔（T602）的压力是由抽余液塔放空罐（D609）压控阀门 PV6102 控制的，正常生产中压力控制在 0.4MPa。通过控制从抽余液塔放空罐排出的不凝性气来实现。

抽余液塔顶压力控制工艺如图 3-2-2 所示。

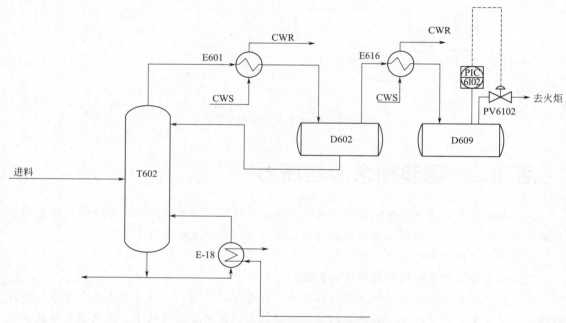

图 3-2-2　抽余液塔塔顶压力控制工艺

当抽余液塔压力升高超过设定值时，抽余液塔回流罐（D602）和抽余液塔放空罐（D609）的压力均升高超过设定值，此时增大抽余液塔放空罐（D609）上塔顶去火炬阀门 PV6102 开度，以降低抽余液塔放空罐（D609）的压力。当塔顶压力下降时，操作相反。

1. 对于精馏塔，塔釜压力与哪些因素有关？如何控制？

2. 思考精馏塔的主要控制参数有哪些。

3. 以抽余液塔压力控制为例，当操作参数超出工艺控制范围时，根据 PID 图，思考有什么措施能够保护装置不发生安全生产的事故。

任务三
吸附分离工段开车操作

任务描述

吸附分离工段开车操作主要包括开车前的准备和冷态开车过程，其中冷态开车主要包括吸附和分馏两个岗位。该工段开车前有哪些工作需要准备，开车的操作流程是什么，操作要求有哪些，各岗位间该如何协作配合，是本次任务需要学习的内容。

任务目标

知识目标

（1）了解开车前的准备工作；

（2）掌握吸附分离工段的开车操作流程和要求。

技能目标

（1）能够根据操作规程熟练调控仪表参数并顺利进行开车；

（2）能够熟练操作DCS计算机远程控制系统，实现手动和自动无扰切换操作；

（3）能够识别常见异常现象并进行相关处理。

素质目标

（1）培养内外操团结协作、互相交流的团队能力；

（2）提高吃苦耐劳、爱岗敬业的职业意识；

（3）培养安全操作的意识。

活动 1：进行吸附分离工段开车前的准备工作

查阅资料，设备开车前应该有哪些准备过程？

1. 总体要求

① 全面检查所属设备、流程是否符合工艺要求，管线连接是否正确，有无漏接、错接，阀门方向是否正确，开关是否灵活，阀芯有无脱落，法兰、垫片、螺钉是否上紧，盘根有无压好。

② 检查各塔、容器的人孔、手孔螺钉是否上紧。

③ 检查所有仪表（包括孔板、风包、测温点、测压点、压力表、热电偶、液面计）是否按要求装好。

④ 检查所有消防器材是否备足，并按要求就位。

⑤ 检查所有下水道是否畅通，盖板是否盖好。

⑥ 检查地面、平台、上下走道、消防通道是否畅通，有无障碍物。

⑦ 检查所有设备、管线保温、刷漆是否符合要求。

⑧ 检查各设备的静电接地线是否符合要求。

⑨ 检查各设备基础是否完好，有无下沉、倾斜、裂缝等现象，地脚螺钉是否变形松脱。

2. 塔类、容器类的检查

① 检查各塔盘是否安装牢固，塔盘上的部件是否灵活、齐全。

② 检查塔盘安装质量，塔盘及各支撑结构与塔体连接焊缝是否符合要求，塔盘是否平整，塔盘上活动部件是否灵活，各塔盘部件安装是否符合工艺设计要求，槽盘液体分布器的水平度是否符合要求。

③ 检查塔底油泥、塔内石棉布等杂物是否清理干净。

④ 检查各塔塔顶挥发线是否焊好、焊牢，焊接质量是否符合要求。

⑤ 检查安全阀是否按设计要求定压，有无铅封，手阀是否全开。

⑥ 检查各塔和容器内杂物是否清理干净，所有人孔是否全部装回，垫片材质、安装是否符合要求，法兰、螺钉是否把紧，有无偏斜、松弛。

⑦ 检查各平台梯子是否牢固。

⑧ 检查顶部放空是否接好，检查各开口、法兰、螺钉是否把紧满帽、垫片材质是否合适，有无偏斜、松弛。

⑨ 检查各附件（如压力表、温度计、液面计、安全阀、放空阀、单向阀及消防系统）是否齐全，安装是否符合要求。

⑩ 检查所属阀门规格、型号是否符合工艺要求，注意阀盖垫片是否合适，盘根是否压满，材质是否符合要求，开关是否灵活。

⑪ 经过严密性和强度试验合格性检查。

3. 冷换设备的检查

① 根据操作介质的温度和压力情况检查各冷换设备是否符合工艺要求。

② 检查所有的压力表、温度计、放空、扫线、排污、采样等是否齐全好用。

③ 检查各开口法兰、螺钉是否把紧满帽，垫片材质是否合适，有无偏斜、松弛现象。

④ 检查所属阀门规格型号是否符合要求，阀盖垫片是否合适，盘根是否压满，使用材质是否符合要求，开关是否灵活。

⑤ 检查各进出口管线、排污管线、吹扫管线、阀门连接是否合理，操作、检修是否方便。

⑥ 检查所属支架、梯子、平台、栏杆是否牢固、安全，是否符合操作要求。

⑦ 检查各基础、地脚螺钉是否完好合理。

⑧ 检查油漆、保温质量是否符合要求。

⑨ 经过严密性和强度试验合格。

4. 机泵的检查

① 按系统检查的有关内容进行检查。

② 根据介质温度、压力、流量要求检查泵及配套的电机是否符合生产要求和安全规定。

③ 检查轴封渗透是否符合要求。

④ 检查联轴器安装是否符合要求，油环、安全罩是否齐全、牢靠，盘车时是否有轻重不均匀现象。

⑤ 检查所属的压力表是否齐全，是否符合工艺要求，是否有校验、铅封，并按要求画好红线。

⑥ 检查扫线蒸汽、预热线、放空、排污等阀门是否齐全好用。

⑦ 检查所属的法兰螺钉是否把紧满帽，配套垫片是否合适，有无偏斜、松弛。

⑧ 检查所属阀门的安装是否方便操作和检修。

⑨ 检查基础及地脚螺钉是否牢固、把紧，机泵试运时是否平稳无杂音。

⑩ 检查基础油漆、保温质量是否符合要求。

⑪ 检查机泵润滑油油位是否达到要求。

⑫ 检查机体冷却水投用、冷却水系统是否畅通。

⑬ 检查润滑油箱油质、油量、油位是否达到要求。

⑭ 检查盘车情况。

⑮ 检查现场与操作室参数指示是否相同。

5. 工艺管线的检查

① 检查管线和阀门安装是否符合工艺要求，是否方便操作和检修。

② 根据工艺要求，检查阀门的管径、壁厚、材质是否符合工艺要求，阀门盘根是否压满，开关是否灵活。

③ 检查管线的焊缝质量。

④ 检查易凝管线的伴热线是否满足生产要求，热力管线的补偿设施是否合理，能否满足要求。

⑤ 检查各单向阀、球心阀、疏水器等的安装方向是否正确，检查压力表、温度计是否按要求配齐，并方便操作和检修。

⑥ 检查所属的放空、排污和扫线的设施是否符合生产、安全要求。

⑦ 检查法兰螺钉是否把紧、满帽，垫片有无偏斜、压紧，材质是否合适。

⑧ 检查固定支架和活动支架是否牢固、适用，管架基础有无倾斜、下陷，对于震动大的管线应检查其支撑是否牢固，坡度是否合适。

⑨ 检查与外单位联系的有关管线，如原油、产品、溶剂、动力管线是否全部安装完毕。

⑩ 检查所有放空阀是否关闭，确认所有排凝阀关闭，确认管件连接合格。

⑪ 检查油运管线上所有盲板、8 字盲板是否导通（临时盲板拆除）。

⑫ 检查各阀门、法兰、盘根、垫片是否保持良好状态。

6. 其他检查

① 配合仪表检查仪表测量、DCS 控制系统是否齐全，是否满足工艺要求，是否方便维修和操作。

② 配合电工检查通信、照明设施是否满足生产要求。

③ 检查装置内防雷、防静电设施是否齐全、可靠。

④ 配合检查装置内消防设施是否齐全。

⑤ 检查装置内的计量器具（流量计、压力表、温度计）是否全部校验合格。

⑥ 检查装置内的供排水、蒸汽、风、除盐水、新鲜水、氮气等管网是否满足生产要求，其所属的控制仪表是否齐全、好用。

⑦ 检查装置化学药剂系统是否满足生产要求，其所属的控制仪表是否齐全、好用。

⑧ 检查装置内管沟、水封井等是否清洁干净，盖板是否盖好，装置内卫生是否符合开工要求。

⑨ 检查消防通道是否畅通。

⑩ 检查开工所需扳手是否到位。

⑪ 检查开工所需防护器具是否到位。

⑫ 检查开工点炉所需点火器是否准备到位。

活动 2：写出吸附分离工段冷态开车流程

吸附分离工段冷态开车包括哪几个过程？

→	→	→	→	→

→	

一、抽余液塔和抽出液塔充液全回流运转操作

① 点击抽余液塔 T602 充液按钮，对抽余液塔 T602 进行充液操作。当抽余液塔釜液位 LIC6101 达到 80%，停止充液（图 3-3-1）。

② 点击抽出液塔 T603 充液按钮，对抽出液塔 T603 进行充液操作。当抽出液塔釜液位 LIC6201 达到 80% 时，停止充液（图 3-3-2）。

③ 打开热油进抽余液塔再沸器 E604 流量控制阀 FV6105 前后手阀 FV6105F、FV6105R（图 3-3-3）。

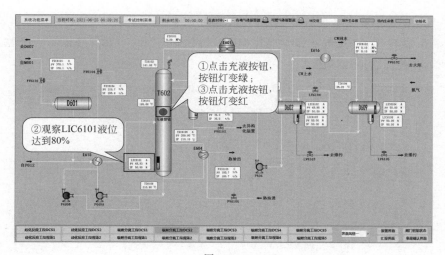

图 3-3-1

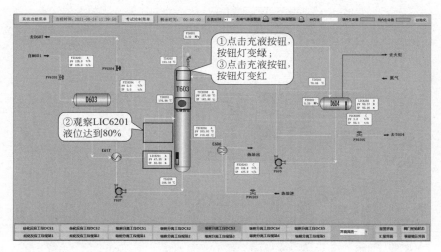

图 3-3-2

图 3-3-3

④ 打开热油进抽余液塔再沸器 E604 流量控制阀 FV6105（图 3-3-4）。

⑤ 当抽余液塔 T602 灵敏板温度 TIC6105 达到 210℃时，（图 3-3-4），打开塔顶出口阀门 XV6102，开度为 50％±5％（图 3-3-5）。

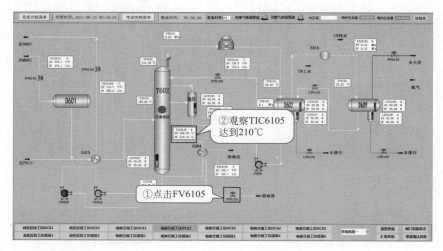

图 3-3-4

图 3-3-5

⑥ 启动抽余液塔顶空冷器 E601（图 3-3-6）。

⑦ 打开抽余液塔后冷器 E616 循环急冷水上水阀门 XV6104，开度为 50％±5％。打开抽余液塔回流罐 D602 罐顶出口阀门 XV6103，开度为 50％±5％。（参考抽余液塔和抽出液塔充液全回流运转操作步骤⑤）

⑧ 打开放空罐 D609 去火炬压力控制阀 PV6102 前后手阀 PV6102F、PV6102R。（参考抽余液塔和抽出液塔充液全回流运转操作步骤③）

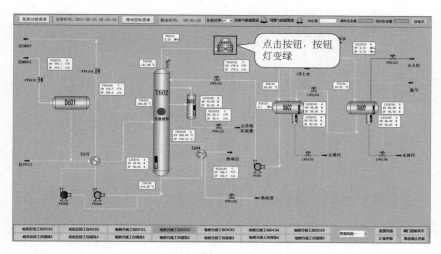

图 3-3-6

⑨ 打开放空罐 D609 去火炬压力控制阀 PV6102。调节压力控制阀 PV6102 的开度，将放空罐压力 PIC6102 控制在 (0.1±0.05)MPa（图 3-3-7）。

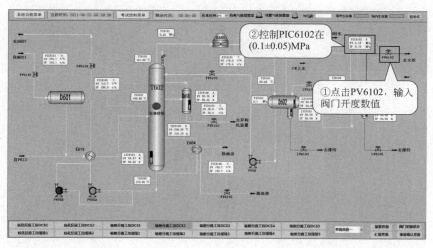

图 3-3-7

⑩ 打开抽余液塔放空罐 D609 烃类液位控制阀 LV6104 前后手阀 LV6104F、LV6104R。（参考抽余液塔和抽出液塔充液全回流运转操作步骤③）

⑪ 当抽余液塔放空罐 D609 液位 LIC6104 达到 50% 时，打开液位控制阀 LV6104。调节液位控制阀 LV6104 的开度，将放空罐 D609 烃类液位控制在 50%±5%（图 3-3-8）。

⑫ 当抽余液塔回流罐 D602 液位 LIC6102 达到 45% 时，打开抽余液塔回流泵 P606 进口阀门 XV6105（图 3-3-8、图 3-3-9）。

⑬ 启动抽余液塔回流泵 P606（图 3-3-10）。

⑭ 启动抽余液塔回流泵 P606 出口阀门 XV6106，开度为 50%±5%。打开抽余液塔 T602 回流流量控制阀 FV6102 前后手阀 FV6102F、FV6102R。（参考抽余液塔和抽出液塔充液全回流运转操作步骤③、⑤）

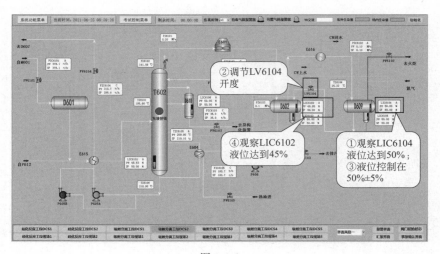

图 3-3-8

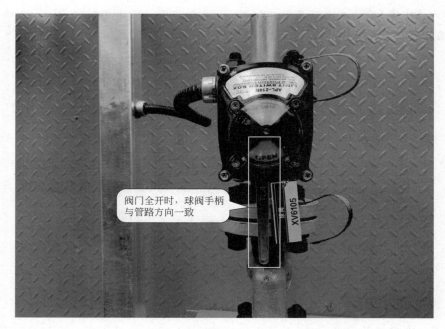

图 3-3-9

⑮ 打开抽余液塔 T602 回流流量控制阀 FV6102，进行全回流操作。调节流量控制阀 FV6102 的开度，将回流罐 D602 液位 LIC6102 控制在 $50\%\pm5\%$（图 3-3-11）。

⑯ 打开热油进抽出液塔再沸器 E606 流量控制阀 FV6203 前后手阀 FV6203F、FV6203R。（参考抽余液塔和抽出液塔充液全回流运转操作步骤③）

⑰ 打开热油进抽出液塔再沸器 E606 流量控制阀 FV6203（图 3-3-12）。

⑱ 当抽出液塔 T603 灵敏板温度 TIC6204 达到 210℃ 时（图 3-3-12），打开塔顶出口阀门 XV6202，开度为 $50\%\pm5\%$。（参考抽余液塔和抽出液塔充液全回流运转操作步骤⑤）

⑲ 启动抽出液塔顶空冷器 E603（图 3-3-13）。

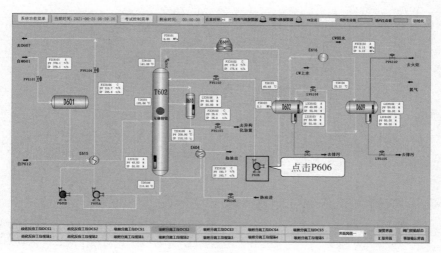

图 3-3-10

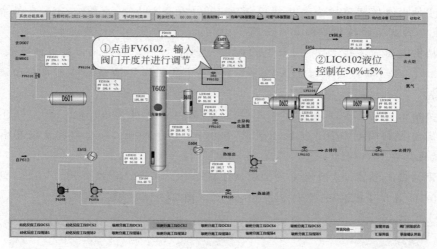

图 3-3-11

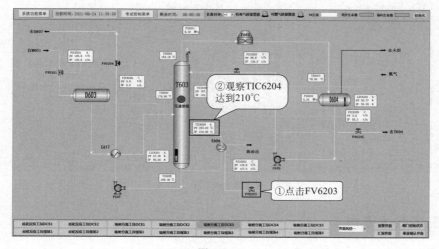

图 3-3-12

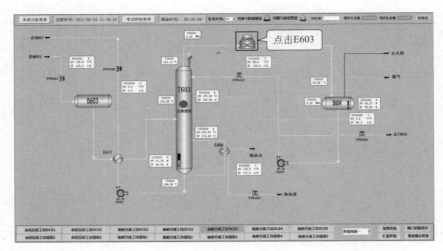

图 3-3-13

⑳ 打开抽出液塔回流罐去火炬阀门 XV6203，开度为 50％±5％。（参考抽余液塔和抽出液塔充液全回流运转操作步骤⑤）

㉑ 当抽出液塔回流罐 D604 液位 LIC6202 达到 45％时，打开抽出液塔回流泵 P609 进口阀门 XV6205。启动抽出液塔回流泵 P609。（参考抽余液塔和抽出液塔充液全回流运转操作步骤⑫、⑬）

㉒ 启动抽出液塔回流泵 P609 出口阀门 XV6206，开度为 50％±5％。打开抽出液塔 T603 回流流量控制阀 FV6202 前后手阀 FV6202F、FV6202R。（参考抽余液塔和抽出液塔充液全回流运转操作步骤③、⑤）

㉓ 打开抽出液塔 T603 回流流量控制阀 FV6202。调节流量控制阀 FV6202 的开度，将回流罐 D604 的液位 LIC6202 控制在 50％±5％（图 3-3-14）。

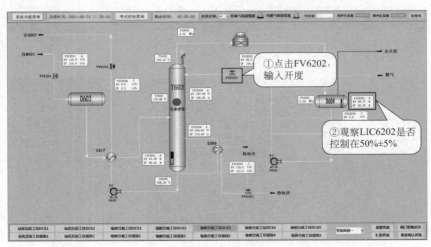

图 3-3-14

二、三塔联运操作

① 打开成品塔 T604 进料流量控制阀 FV6205 前后手阀 FV6205F、FV6205R。（参考抽

余液塔和抽出液塔充液全回流运转操作步骤③）

② 打开成品塔 T604 进料流量控制阀 FV6205。调整抽出液塔 T603 充液按钮，维持液位在 50％之上（图 3-3-15）。

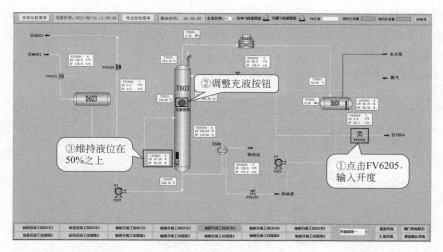

图 3-3-15

③ 打开成品塔蒸汽再沸器 E618 蒸汽流量控制阀 FV6304 前后手阀 FV6304F、FV6304R。（参考抽余液塔和抽出液塔充液全回流运转操作步骤③）

④ 打开成品塔蒸汽再沸器 E618 蒸汽流量控制阀 FV6304。启动成品塔顶空冷器 E605（图 3-3-16）。

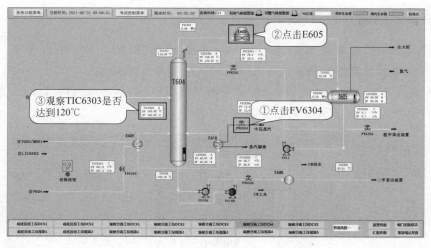

图 3-3-16

⑤ 当成品塔 T604 灵敏板温度 TIC6303 达到 120℃时（图 3-3-16），打开塔顶出口阀门 XV6301，开度为 50％±5％。打开成品塔回流罐 D605 去火炬阀门 XV6302，开度为 50％±5％。（参考抽余液塔和抽出液塔充液全回流运转操作步骤⑤）

⑥ 当成品塔回流罐 D605 液位 LIC6302 达到 45％时，打开回流泵进口阀门 XV6304。启动成品塔回流泵 P611。（参考抽余液塔和抽出液塔充液全回流运转操作步骤⑫、⑬）

⑦ 打开成品塔回流泵 P611 出口阀门 XV6305，开度为 50%±5%。打开成品塔 T604 回流流量控制阀 FV6301 前后手阀 FV6301F、FV6301R。（参考抽余液塔和抽出液塔充液全回流运转操作步骤③、⑤）

⑧ 打开成品塔 T604 回流流量控制阀 FV6301，进行全回流。调节流量控制阀 FV6301 的开度，将回流罐 D605 的液位 LIC6302 控制在 50%±5%。（参考抽余液塔和抽出液塔充液全回流运转操作步骤㉓）

⑨ 关闭抽出液塔 T603 充液按钮（图 3-3-17）。

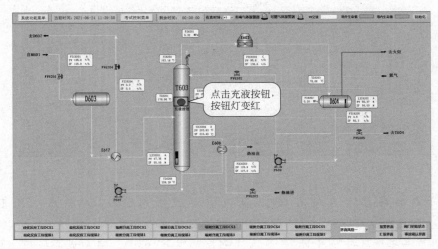

图 3-3-17

三、将解吸剂充入吸附塔操作

① 打开解吸冲洗液进吸附塔 T601A 流量控制阀 FV6003 前后手阀 FV6003F、FV6003R。（参考抽余液塔和抽出液塔充液全回流运转操作步骤③）

② 打开解吸冲洗液进吸附塔 T601A 流量控制阀 FV6003。当吸附塔 T601A 各段充满后（充液指示灯变绿），关闭流量控制阀 FV6003（图 3-3-18）。

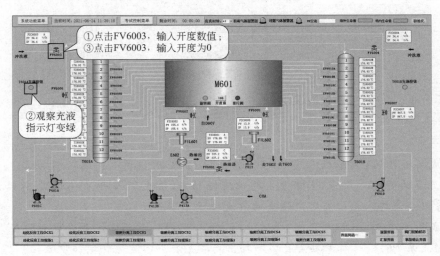

图 3-3-18

③ 打开解吸冲洗液进吸附塔 T601B 流量控制阀 FV6004 前后手阀 FV6004F、FV6004R。（参考抽余液塔和抽出液塔充液全回流运转操作步骤③）

④ 打开解吸冲洗液进吸附塔 T601B 流量控制阀 FV6004。当吸附塔 T601B 各段充满后（充液指示灯变绿），关闭流量控制阀 FV6004（图 3-3-19）。

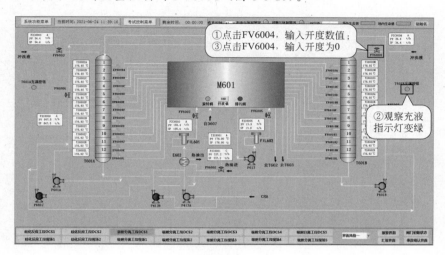

图 3-3-19

⑤ 打开吸附塔循环泵 P601A 进口阀门 XV6001A。启动吸附塔循环泵 P601A。（参考抽余液塔和抽出液塔充液全回流运转操作步骤⑫、⑬）

⑥ 打开吸附塔循环泵 P601A 出口阀门 XV6002A，开度为 50%±5%。打开吸附塔循环泵 P601A 出口流量控制阀 FV6006 前后手阀 FV6006F、FV6006R。（参考抽余液塔和抽出液塔充液全回流运转操作步骤③、⑤）

⑦ 打开吸附塔循环泵 P601A 出口流量控制阀 FV6006（图 3-3-20）。

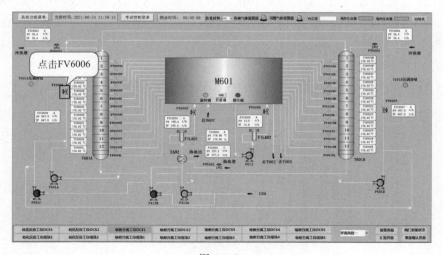

图 3-3-20

⑧ 打开吸附塔循环泵 P601B 进口阀门 XV6001B。启动吸附塔循环泵 P601B。（参考抽余液塔和抽出液塔充液全回流运转操作步骤⑫、⑬）

⑨ 打开吸附塔循环泵 P601B 出口阀门 XV6002B，开度为 $50\% \pm 5\%$。打开吸附塔循环泵 P601B 出口流量控制阀 FV6007 前后手阀 FV6007F、FV6007R。（参考抽余液塔和抽出液塔充液全回流运转操作步骤③、⑤）

⑩ 打开吸附塔循环泵 P601B 出口流量控制阀 FV6007（图 3-3-21）。

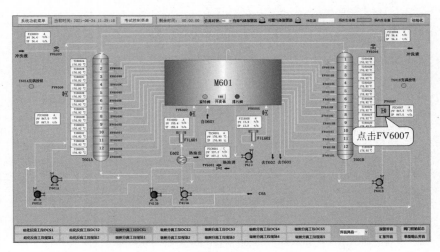

图 3-3-21

四、启动旋转阀操作

① 打开集合管 M601 放空阀门 XV6008。（参考抽余液塔和抽出液塔充液全回流运转操作步骤⑤）

② 打开吸附塔 T601A 一段电磁阀 XV6009A、XV6009B、XV6009C、XV6009D、XV6009E、XV6009F、XV6009G、XV6009H、XV6009I、XV6009J、XV6009K、XV6009L。打开吸附塔 T601B 一段电磁阀 XV6010A、XV6010B、XV6010C、XV6010D、XV6010E、XV6010F、XV6010G、XV6010H、XV6010I、XV6010J、XV6010K、XV6010L。启动 M601 旋转阀，调节开度到 15%、30%、45%、60%、75%、90%、105%、120%、135%、150%、165%、180%，对管线进行充液（图 3-3-22）。

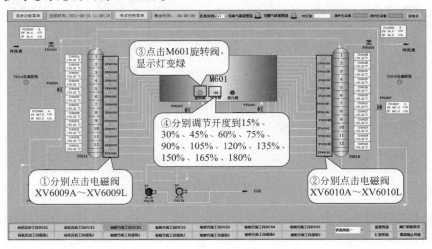

图 3-3-22

③ 关闭集合管 M601 放空阀门 XV6008（参考抽余液塔和抽出液塔充液全回流运转操作步骤⑤）

④ 打开冲洗泵 P613 进口阀门 XV6004。启动冲洗泵 P613。（参考抽余液塔和抽出液塔充液全回流运转操作步骤⑫、⑬）

⑤ 打开冲洗泵 P613 出口阀门 XV6005，开度为 50%±5%。打开冲洗泵 P613 出口流量控制阀 FV6005 前后手阀 FV6005F、FV6005R。（参考抽余液塔和抽出液塔充液全回流运转操作步骤③、⑤）

⑥ 打开冲洗泵 P613 出口流量控制阀 FV6005（图 3-3-23）。

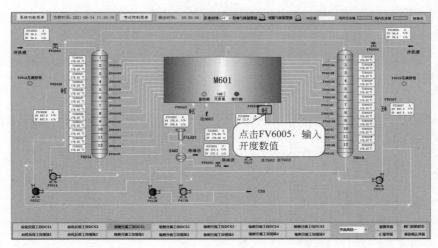

图 3-3-23

五、对吸附塔进行升温操作

① 打开抽余液塔底泵 P605A 进口阀门 XV6107A。启动抽余液塔底泵 P605A。（参考抽余液塔和抽出液塔充液全回流运转操作步骤⑫、⑬）

② 打开抽余液塔底泵 P605A 出口阀门 XV6108A。打开抽余液塔底泵 P605A 出口流量控制阀 FV6104 前后手阀 FV6104F、FV6104R。（参考抽余液塔和抽出液塔充液全回流运转操作步骤③、⑤）

③ 打开抽余液塔底泵 P605A 出口流量控制阀 FV6104（图 3-3-24）。

④ 观察解吸剂缓冲罐 D607 液位 LIC6403 待其达到 45%（图 3-3-25）。

⑤ 打开吸收剂泵 P604 进口阀门 XV6401。启动吸收剂泵 P604。（参考抽余液塔和抽出液塔充液全回流运转操作步骤⑫、⑬）

⑥ 打开吸收剂泵 P604 出口阀门 XV6402，开度为 50%±5%。打开吸收剂泵 P604 返回集合管 M601 阀门 XV6404，开度为 50%±5%。（参考抽余液塔和抽出液塔充液全回流运转操作步骤⑤）

⑦ 打开成品塔再沸器 E609 进口流量控制阀 FV6303 前后手阀 FV6303F、FV6303R。（参考抽余液塔和抽出液塔充液全回流运转操作步骤③）

⑧ 打开成品塔再沸器 E609 进口流量控制阀 FV6303。调节成品塔再沸器的流量控制阀 FV6303/FV6304，控制灵敏板温度在（140±5）℃（图 3-3-26）。

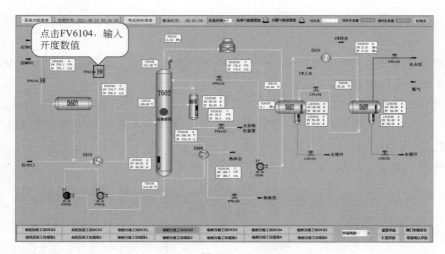

图 3-3-24

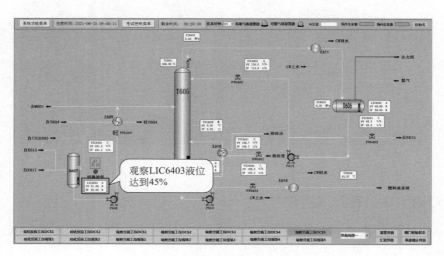

图 3-3-25

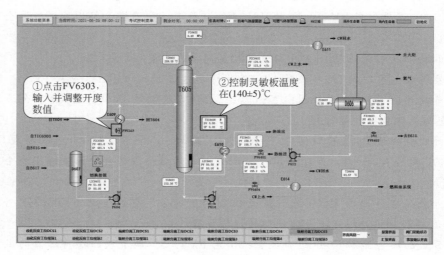

图 3-3-26

六、吸附塔投料，建立长循环操作

① 打开热油进料预热器 E602 流量控制阀 FV6001 前后手阀 FV6001F、FV6001R。（参考抽余液塔和抽出液塔充液全回流运转操作步骤③）

② 打开热油进料预热器 E602 流量控制阀 FV6001（图 3-3-27）。

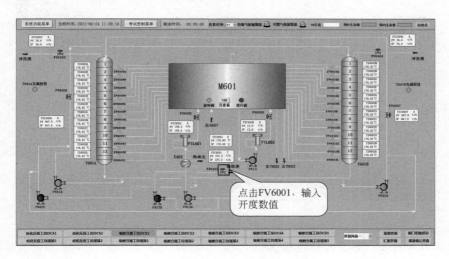

图 3-3-27

③ 打开吸附装置进料泵 P413A 进口阀门 XV4001A。启动吸附装置进料泵 P413A。（参考抽余液塔和抽出液塔充液全回流运转操作步骤⑫、⑬）

④ 打开吸附装置进料泵 P413A 出口阀门 XV4002A，开度为 50％±5％。打开原料进集合管 M601 流量控制阀 FV6002 前后手阀 FV6002F、FV6002R。（参考抽余液塔和抽出液塔充液全回流运转操作步骤③、⑤）

⑤ 打开原料进集合管 M601 流量控制阀 FV6002（图 3-3-28）。

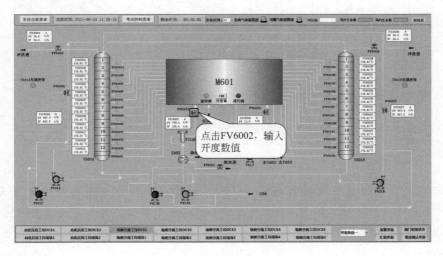

图 3-3-28

⑥ 打开抽余液进缓冲罐 D601 流量控制阀 FV6101 前后手阀 FV6101F、FV6101R。（参考抽余液塔和抽出液塔充液全回流运转操作步骤③）

⑦ 打开抽余液进缓冲罐 D601 流量控制阀 FV6101（图 3-3-29）。

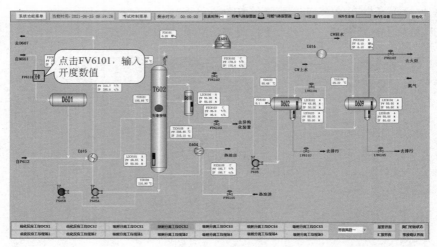

图 3-3-29

⑧ 打开抽余液塔 T602 进料阀门 XV6101，开度为 50％±5％。（参考抽余液塔和抽出液塔充液全回流运转操作步骤⑤）

⑨ 调节塔釜出口流量控制阀 FV6104 的开度，将塔釜液位 LIC6101 控制在 50％±5％（图 3-3-30）。

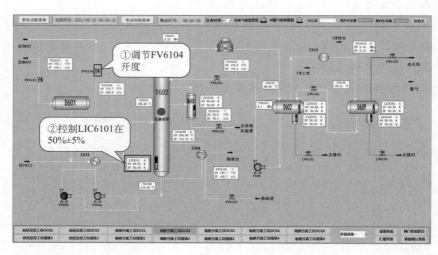

图 3-3-30

⑩ 调节解吸冲洗液进吸附塔控制阀 FV6003 的开度，维持吸附塔始终处于充满状态。调节解吸冲洗液进吸附塔控制阀 FV6004 的开度，维持吸附塔始终处于充满状态（图 3-3-31）。

⑪ 打开抽余液塔 T602 进异构化缓冲罐 D610 阀门 XV6109，开度为 50％±5％。打开抽余液塔 T602 进异构化缓冲罐 D610 阀门 XV6110，开度为 50％±5％。（参考抽余液塔和抽出液塔充液全回流运转操作步骤⑤）

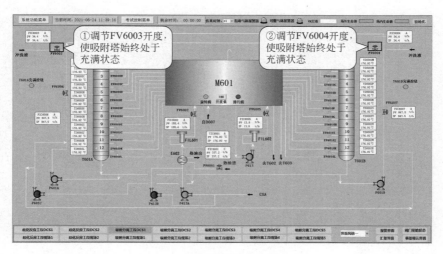

图 3-3-31

⑫ 当异构化缓冲罐 D610 液位 LIC6106 达到 45% 时，打开流量控制阀 FV6103 前后手阀 FV6103F、FV6103R。（参考抽余液塔和抽出液塔充液全回流运转操作步骤③）

⑬ 打开异构化缓冲罐 D610 罐底流量控制阀 FV6103。调节流量控制阀 FV6103 的开度，将缓冲罐 D610 液位 LIC6106 控制在 50%±5%（图 3-3-32）。

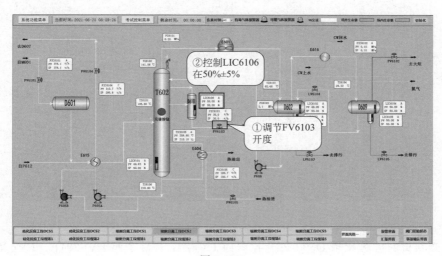

图 3-3-32

⑭ 打开抽余液塔放空罐 D609 脱水包液位控制阀 LV6105 前后手阀 LV6105F、LV6105R。（参考抽余液塔和抽出液塔充液全回流运转操作步骤③）

⑮ 当 D609 脱水包液位 LIC6105 达到 50% 时，打开抽余液塔放空罐 D609 脱水包液位控制阀 LV6105。调节液位控制阀 LV6105 的开度，将放空罐脱水包液位 LIC6105 控制在 50%±5%（图 3-3-33）。

⑯ 打开抽余液塔回流罐 D602 脱水包液位控制阀前后手阀 LV6103F、LV6103R。（参考抽余液塔和抽出液塔充液全回流运转操作步骤③）

⑰ 当抽余液塔回流罐 D602 脱水包液位 LIC6103 达到 45% 时，打开回流罐 D602 脱水包

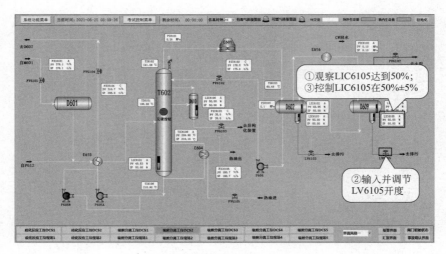

图 3-3-33

液位控制阀 LV6103。调节液位控制阀 LV6103 的开度，将脱水包液位 LIC6103 控制在 50%±5%（图 3-3-34）。

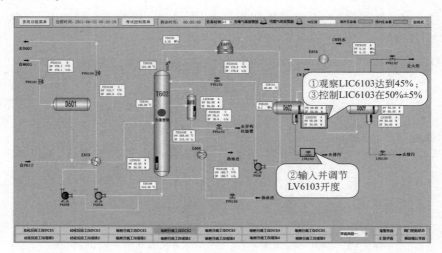

图 3-3-34

⑱ 打开抽出液进缓冲罐 D603 流量控制阀 FV6201 前后手阀 FV6201F、FV6201R。（参考抽余液塔和抽出液塔充液全回流运转操作步骤③）

⑲ 打开抽出液进缓冲罐 D603 流量控制阀 FV6201（图 3-3-35）。

⑳ 打开抽出液塔 T603 进料阀门 XV6201，开度为 50%±5%。（参考抽余液塔和抽出液塔充液全回流运转操作步骤⑤）

㉑ 打开抽出液塔底泵 P607 进口阀门 XV6207。启动抽出液塔底泵 P607。（参考抽余液塔和抽出液塔充液全回流运转操作步骤⑫、⑬）

㉒ 打开抽出液塔底泵 P607 出口阀门 XV6208，开度为 50%±5%。打开抽出液塔釜出口流量控制阀 FV6204 前后手阀 FV6204F、FV6204R。（参考抽余液塔和抽出液塔充液全回流运转操作步骤③、⑤）

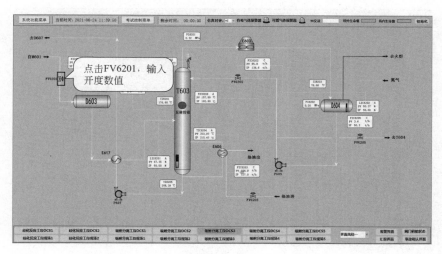

图 3-3-35

㉓ 打开抽出液塔釜出口流量控制阀 FV6204。调节塔釜出口流量控制阀 FV6204 的开度，将塔釜液位 LIC6201 控制在 $50\%\pm5\%$（图 3-3-36）。

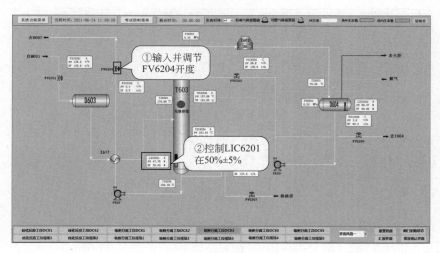

图 3-3-36

㉔ 打开成品塔回流泵 P611 粗甲苯出装置流量控制阀 FV6302 前后手阀 FV6302F、FV6302R。（参考抽余液塔和抽出液塔充液全回流运转操作步骤③）

㉕ 打开成品塔回流泵 P611 粗甲苯出装置流量控制阀 FV6302。调节流量控制阀 FV6302 的开度，将成品塔回流罐液位 LIC6302 控制在 $50\%\pm5\%$（图 3-3-37）。

㉖ 打开二甲苯冷却器 E608 循环急冷水上水阀门 XV6308，开度为 $50\%\pm5\%$。打开成品塔底泵 P610A 进口阀门 XV6306A。启动成品塔底泵 P610A。（参考抽余液塔和抽出液塔充液全回流运转操作步骤⑫、⑬）

㉗ 打开成品塔底泵 P610A 出口阀门 XV6307A，开度为 $50\%\pm5\%$。打开成品塔 T604 塔釜出口流量控制阀 FV6305 前后手阀 FV6305F、FV6305R。（参考抽余液塔和抽出液塔充液全回流运转操作步骤③、⑤）

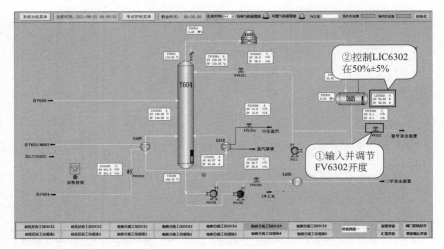

图 3-3-37

㉘ 打开成品塔 T604 塔釜出口流量控制阀 FV6305。调节流量控制阀 FV6305 的开度，将塔釜液位 LIC6301 控制在 50％±5％（图 3-3-38）。

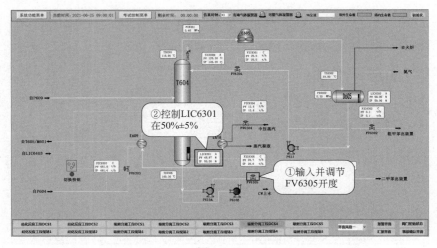

图 3-3-38

㉙ 打开解吸剂再蒸馏塔 T605 进料阀门 XV6403，开度为 50％±5％。打开热油进解吸剂再蒸馏塔再沸器 E610 流量控制阀 FV6401 前后手阀 FV6401F、FV6401R。（参考抽余液塔和抽出液塔充液全回流运转操作步骤③、⑤）

㉚ 打开热油进解吸剂再蒸馏塔再沸器 E610 流量控制阀 FV6401。调节流量控制阀 FV6401 的开度，将 T605 灵敏板温度 TIC6405 控制在（232±10）℃（图 3-3-39）。

㉛ 打开解吸剂再蒸馏塔冷凝器 E611 循环冷却水上水阀门 XV6406，开度为 50％±5％。当 TIC6405 温度达到 230℃时，打开塔顶出口阀门 XV6405，开度为 50％±5％。打开解吸剂再蒸馏塔回流罐 D606 去火炬阀门 XV6408，开度为 50％±5％。（参考抽余液塔和抽出液塔充液全回流运转操作步骤⑤）

㉜ 当解吸剂再蒸馏塔回流罐 D606 液位 LIC6402 达到 45％时，打开回流泵进口阀门 XV6409。启动解吸剂再蒸馏塔回流泵 P612。（参考抽余液塔和抽出液塔充液全回流运转操

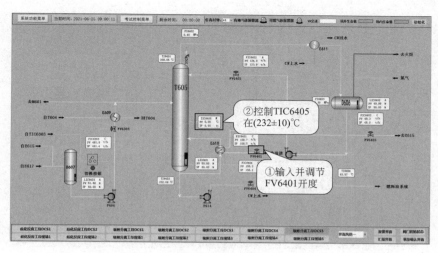

图 3-3-39

作步骤⑫、⑬）

㉝ 打开解吸剂再蒸馏塔回流泵 P612 出口阀门 XV6410，开度为 50％±5％。打开解吸剂再蒸馏塔 T605 回流流量控制阀 FV6402 前后手阀 FV6402F、FV6402R。（参考抽余液塔和抽出液塔充液全回流运转操作步骤③、⑤）

㉞ 打开解吸剂再蒸馏塔 T605 回流流量控制阀 FV6402（图 3-3-40）。

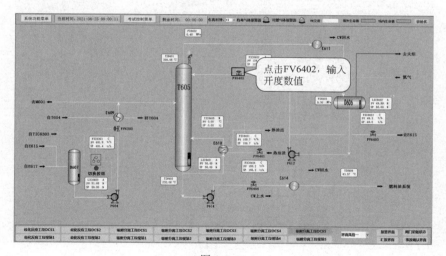

图 3-3-40

㉟ 打开回流泵出口返回抽余液塔流量控制阀 FV6403 前后手阀 FV6403F、FV6403R。（参考抽余液塔和抽出液塔充液全回流运转操作步骤③）

㊱ 打开回流泵出口返回抽余液塔流量控制阀 FV6403。调节流量控制阀 FV6403 的开度，将回流罐 D606 液位 LIC6402 控制在 50％±5％（图 3-3-41）。

㊲ 当解吸剂再蒸馏塔塔釜液位 LIC6401 达到 45％时，打开塔底泵进口阀门 XV6411。启动解吸剂再蒸馏塔塔底泵 P614。（参考抽余液塔和抽出液塔充液全回流运转操作步骤⑫、⑬）

㊳ 打开解吸剂再蒸馏塔塔底泵 P614 出口阀门 XV6412，开度为 50％±5％。打开解吸剂再蒸馏塔底水冷器循环急冷水上水阀门 XV6413，开度为 50％±5％。打开 T605 塔釜出

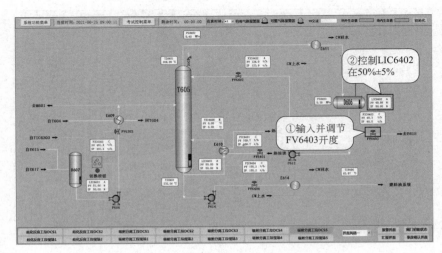

图 3-3-41

口流量控制阀 FV6404 前后手阀 FV6404F、FV6404R。（参考抽余液塔和抽出液塔充液全回流运转操作步骤③、⑤）

㊴ 打开解吸剂再蒸馏塔塔釜出口流量控制阀 FV6404。调节流量控制阀 FV6404 的开度，将塔釜液位 LIC6401 控制在 50％±5％（图 3-3-42）。

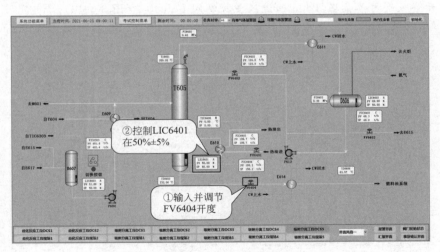

图 3-3-42

1. 请列出你在歧化分离工段开车过程中遇到的问题，并写出解决措施。

2. 请结合工艺思考空冷器和换热器有什么区别。

3. 在启动泵的操作过程中，为什么先开泵前阀，再启动泵，最后开泵后阀？

任务四
吸附分离工段停车操作

任务描述

吸附分离工段需要停车时，停车的操作流程是什么，操作要求有哪些，各岗位间该如何协作配合，是本次任务需要学习的内容。

任务目标

👁 **知识目标**

掌握吸附分离工段的停车操作流程和要求。

👁 **技能目标**

（1）能根据要求熟练调控仪表参数，保证停车正常进行；

（2）能操作DCS计算机远程控制系统，实现手动和自动无扰切换操作；

（3）能识别并处理停车过程中常见异常现象。

👁 **素质目标**

（1）培养团结协作、互相交流的团队能力；

（2）提高吃苦耐劳、爱岗敬业的职业意识；

（3）培养安全意识和责任感。

活动 1：进行吸附分离工段停车前的准备工作

① 确认装置各机泵运转正常。

② 确认装置联锁保护好用。

③ 确认对讲机、电话机等通信设施完好。

④ 确认装置盲板位置正确。

⑤ 确认装置内消防急救器材齐全好用。

⑥ 确认现场可燃气体报警仪合格好用。

⑦ 确认便携式可燃气体报警仪合格好用。

⑧ 确认空气呼吸器合格好用。

⑨ 确认过滤式防毒面具合格好用。

⑩ 确认各仪表指示正常。

⑪ 确认各仪表控制系统正常。

⑫ 确认装置停工方案、盲板方案、塔罐吹扫方案齐全。

⑬ 确认阀门扳手、手电、劳保用品准备齐全。

⑭ 联系指挥中心安排好停工时所用污油罐。

⑮ 联系指挥中心做好装置停工大量用氮气准备。

⑯ 联系指挥中心做好装置停工大量用 1.0MPa 蒸汽准备。

⑰ 联系指挥中心做好火炬放空准备。

⑱ 做好与重整、罐区的协调工作。

活动 2：写出吸附分离工段正常停车流程

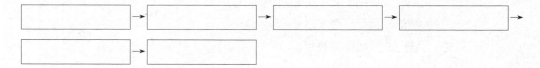

一、停止吸附进料，组织短循环操作

① 关闭吸附装置进料泵 P413A 出口阀门 XV4002A（图 3-4-1）。

② 停吸附装置进料泵 P413A（图 3-4-2）。

③ 关闭吸附装置进料泵 P413A 进口阀门 XV4001A（图 3-4-3）。

④ 关闭吸附原料进集合管 M601 流量控制阀 FV6002（图 3-4-4）。

图 3-4-1

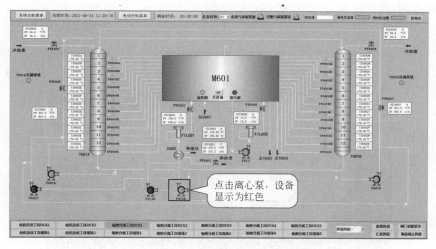

图 3-4-2

图 3-4-3

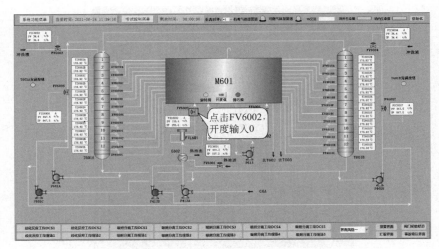

图 3-4-4

⑤ 关闭吸附原料进集合管 M601 流量控制阀 FV6002 前后手阀 FV6002F、FV6002R（图 3-4-5）。

图 3-4-5

⑥ 关闭热油进料预热器 E602 流量控制阀 FV6001（图 3-4-6）。

⑦ 关闭热油进料预热器 E602 流量控制阀 FV6001 前后手阀 FV6001F、FV6001R。（参考步骤⑤）

⑧ 关闭解吸剂冲洗液进吸附塔 T601A 流量控制阀 FV6003（图 3-4-7）。

⑨ 关闭解吸剂冲洗液进吸附塔 T601A 流量控制阀 FV6003 前后手阀 FV6003F、FV6003R。（参考步骤⑤）

⑩ 关闭解吸剂冲洗液进吸附塔 T601B 流量控制阀 FV6004（图 3-4-8）。

⑪ 关闭解吸剂冲洗液进吸附塔 T601B 流量控制阀 FV6004 前后手阀 FV6004F、FV6004R。（参考步骤⑤）

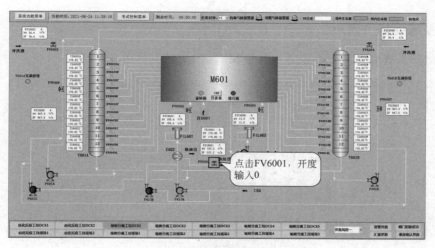

图 3-4-6

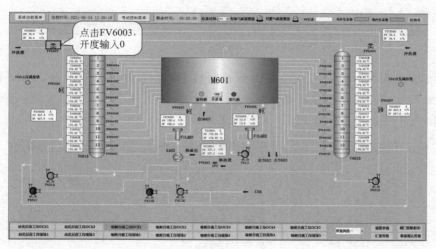

图 3-4-7

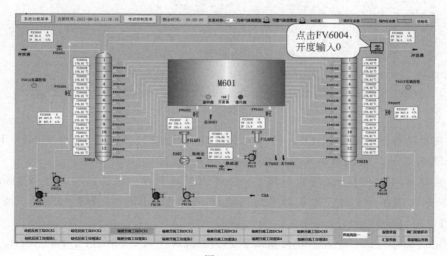

图 3-4-8

二、停成品塔 T604

① 关闭抽出液塔回流泵去成品塔流量控制阀 FV6205（图 3-4-9）。

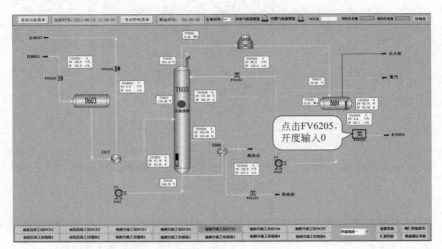

图 3-4-9

② 关闭抽出液塔回流泵去成品塔流量控制阀 FV6205 前后手阀 FV6205F、FV6205R。（参考停止吸附进料，组织短循环操作步骤⑤）

③ 关闭成品塔蒸汽再沸器 E618 蒸汽流量控制阀 FV6304（图 3-4-10）。

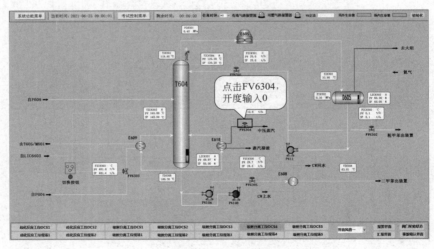

图 3-4-10

④ 关闭成品塔蒸汽再沸器 E618 蒸汽流量控制阀 FV6304 前后手阀 FV6304F、FV6304R。（参考停止吸附进料，组织短循环操作步骤⑤）

⑤ 将成品塔 T604 塔釜流量控制阀 FV6305 调手动全开。将成品塔回流罐 D605 采出粗甲苯流量控制阀调手动全开。当成品塔回流罐 D605 液位 LIC6302 降至 30％时，关闭回流流量控制阀 FV6301（图 3-4-11）。

⑥ 关闭成品塔 T604 回流流量控制阀 FV6301 前后手阀 FV6301F、FV6301R。（参考停止吸附进料，组织短循环操作步骤⑤）

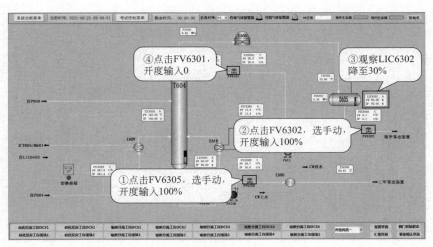

图 3-4-11

⑦ 当成品塔 T604 液位 LIC6301 降至 0％时，关闭成品塔底泵 P610A 出口阀门 XV6307A。停成品塔底泵 P610A。关闭成品塔底泵 P610A 进口阀门 XV6306A。（参考停止吸附进料步骤①～③）

⑧ 关闭成品塔 T604 塔釜出料流量控制阀 FV6305（图 3-4-12）。

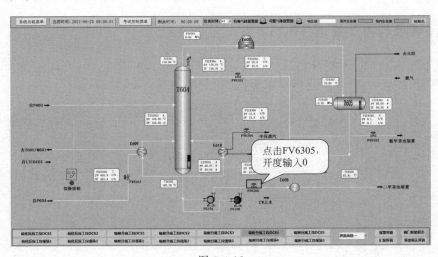

图 3-4-12

⑨ 关闭成品塔 T604 塔釜出料流量控制阀 FV6305 前后手阀 FV6305F、FV6305R。（参考停止吸附进料，组织短循环操作步骤⑤）

⑩ 关闭二甲苯冷却器 E608 循环急冷水上水阀门 XV6308。关闭成品塔 T604 塔顶出口阀门 XV6301。（参考停止吸附进料，组织短循环操作步骤①）

⑪ 停成品塔顶空冷器 E605。

⑫ 当成品塔回流罐 D605 液位 LIC6302 降至 0％时，关闭回流泵 P611 出口阀门 XV6305。停成品塔回流泵 P611。关闭成品塔回流泵 P611 进口阀门 XV6304。（参考停止吸附进料，组织短循环操作步骤①～③）

⑬ 关闭塔顶采出粗甲苯流量控制阀 FV6302（图 3-4-13）。

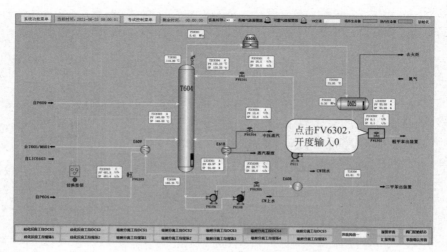

图 3-4-13

⑭ 关闭塔顶采出粗甲苯流量控制阀 FV6302 前后手阀 FV6302F、FV6302R。（参考停止吸附进料，组织短循环操作步骤⑤）

⑮ 当成品塔回流罐 D605 压力 PI6302 降至常压，关闭去火炬阀门 XV6302。（参考停止吸附进料，组织短循环操作步骤①）

三、停解吸剂再蒸馏塔 T605

① 关闭解吸剂再蒸馏塔 T605 进料阀门 XV6403。

② 关闭热油进 T605 再沸器流量控制阀 FV6401（图 3-4-14）。

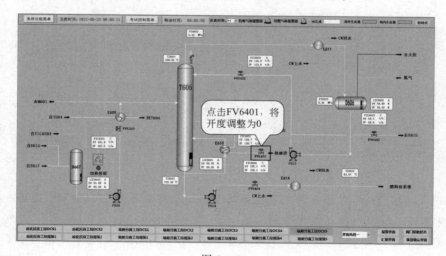

图 3-4-14

③ 关闭热油进 T605 再沸器流量控制阀 FV6401F、FV6401R。

④ 将解吸剂再蒸馏塔 T605 塔釜采出流量控制阀 FV6404 调手动全开（图 3-4-15）。

⑤ 将解吸剂再蒸馏塔回流泵出口流量控制阀 FV6403 调手动全开（图 3-4-15）。

⑥ 当解吸剂再蒸馏塔回流罐 D606 液位 LIC6402 降至 30% 时，关闭回流流量控制阀 FV6402（图 3-4-16）。

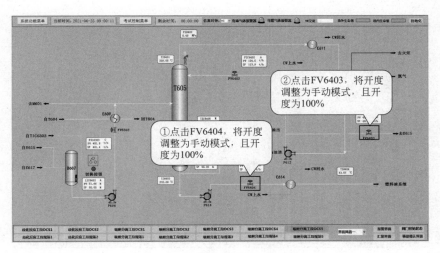

图 3-4-15

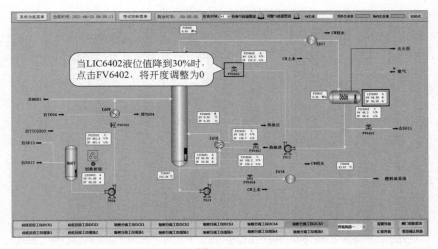

图 3-4-16

⑦ 关闭解吸剂再蒸馏塔 T605 回流流量控制阀 FV6402 前后手阀 FV6402F、FV6402R。

⑧ 当解吸剂再蒸馏塔 T605 塔釜液位 LIC6401 降至 0 时，关闭塔底泵出口阀门 XV6412。

⑨ 停解吸剂再蒸馏塔塔底泵 P614（图 3-4-17）。

⑩ 关闭解吸剂再蒸馏塔塔底泵 P614 进口阀门 XV6411。

⑪ 关闭解吸剂再蒸馏塔 T605 塔釜流量控制阀 FV6404（图 3-4-18）。

⑫ 关闭 T605 塔釜流量控制阀 FV6404 前后手阀 FV6404F、FV6404R。

⑬ 关闭解吸剂再蒸馏塔底水冷器 E614 循环水上水阀门 XV6413。

⑭ 关闭解吸剂再蒸馏塔 T605 塔顶出口阀门 XV6405。

⑮ 关闭解吸剂再蒸馏塔顶冷凝器 E611 循环急冷水上水阀门 XV6406。

⑯ 当回流罐 D606 液位 LIC6402 降至 0 时，关闭回流泵 P612 出口阀门 XV6410。

⑰ 关闭解吸剂再蒸馏塔回流泵 P612（图 3-4-19）。

⑱ 关闭解吸剂再蒸馏塔回流泵 P612 进口阀门 XV6409。

⑲ 关闭回流泵出口去抽余液塔流量控制阀 FV6401（图 3-4-20）。

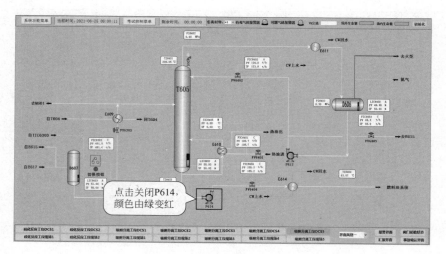

图 3-4-17

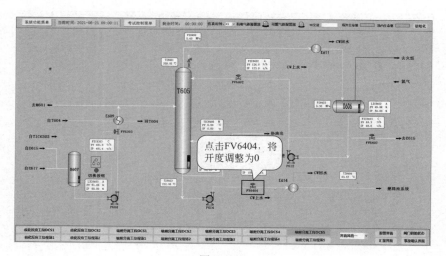

图 3-4-18

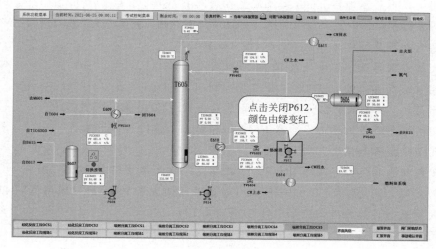

图 3-4-19

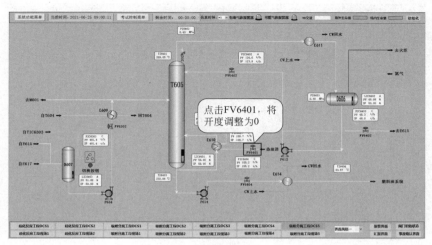

图 3-4-20

⑳ 关闭回流泵出口去抽余液塔流量控制阀 FV6401 前后手阀 FV6401F、FV6401R。

㉑ 当回流罐 D606 压力 PI6403 降至常压时，关闭去火炬阀门 XV6408。

四、停抽出液塔 T603

① 打开集合管 M601 放空阀门 XV6008。

② 打开集合管去废料罐区按钮。

③ 关闭抽出液进缓冲罐 D603 流量控制阀 FV6201（图 3-4-21）。

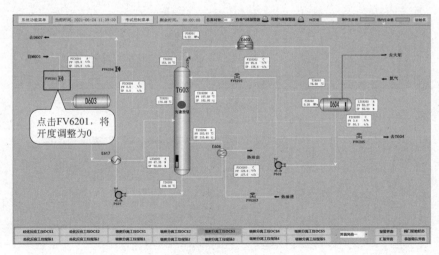

图 3-4-21

④ 关闭抽出液进缓冲罐 D603 流量控制阀 FV6201 前后手阀 FV6201F、FV6201R。

⑤ 关闭抽出液塔 T603 进料阀门 XV6201。

⑥ 将抽出液塔 T603 塔釜出口流量控制阀 FV6204 调手动全开（图 3-4-22）。

⑦ 关闭热油进抽出液塔再沸器 E606 流量控制阀 FV6203（图 3-4-23）。

⑧ 关闭热油进抽出液塔再沸器 E606 流量控制阀 FV6203 前后手阀 FV6203F、FV6203R。

⑨ 全开抽出液塔 T603 回流流量控制阀 FV6202（图 3-4-24）。

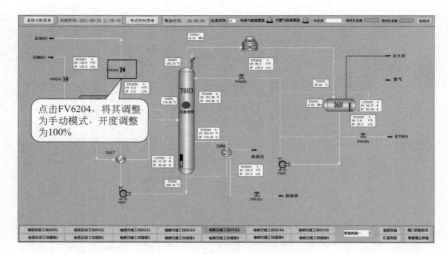

图 3-4-22

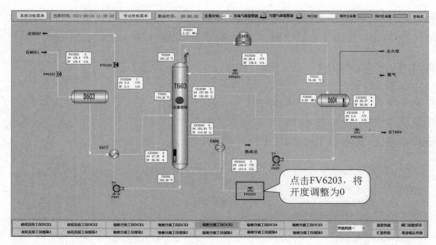

图 3-4-23

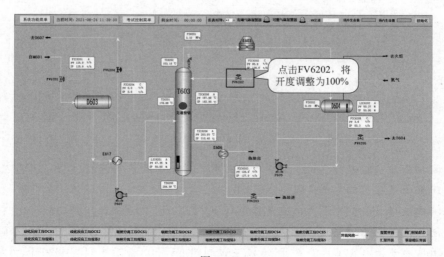

图 3-4-24

⑩ 当抽出液塔回流罐 D604 液位 LIC6202 降至 30％时，关闭塔顶出口阀门 XV6202。

⑪ 停抽出液塔顶空冷器 E603（图 3-4-25）。

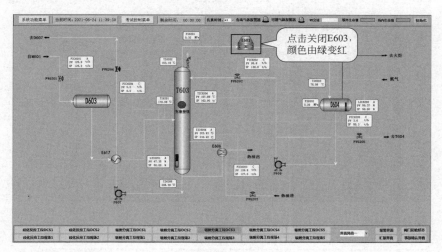

图 3-4-25

⑫ 当抽出液塔回流罐 D604 液位 LIC6202 降至 0 时，关闭回流泵 P609 出口阀门 XV6206。

⑬ 停抽出液塔回流泵 P609（图 3-4-26）。

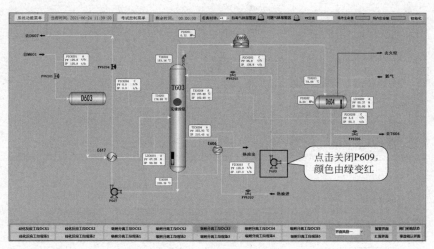

图 3-4-26

⑭ 关闭抽出液塔回流泵 P609 进口阀门 XV6205。

⑮ 关闭抽出液塔 T603 回流流量控制阀 FV6202（图 3-4-27）。

⑯ 关闭抽出液塔 T603 回流流量控制阀 FV6202 前后手阀 FV6202F、FV6202R。

⑰ 当回流罐 D604 压力 PI6202 降至常压时，关闭去火炬阀门 XV6203。

⑱ 当抽出液塔液位 LIC6201 降至 0 时，关闭塔底泵出口阀门 XV6208。

⑲ 停抽出液塔底泵 P607（图 3-4-28）。

⑳ 关闭抽出液塔底泵 P607 进口阀门 XV6207。

㉑ 关闭抽出液塔塔釜流量控制阀 FV6204（图 3-4-29）。

㉒ 关闭抽出液塔塔釜流量控制阀 FV6204 前后手阀 FV6204F、FV6204R。

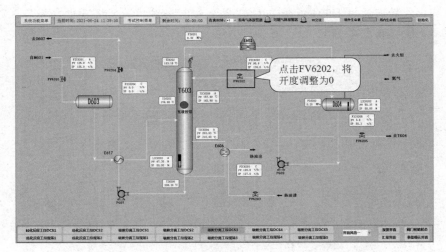

图 3-4-27

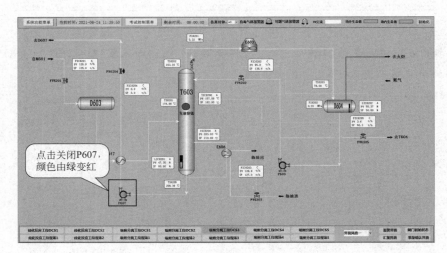

图 3-4-28

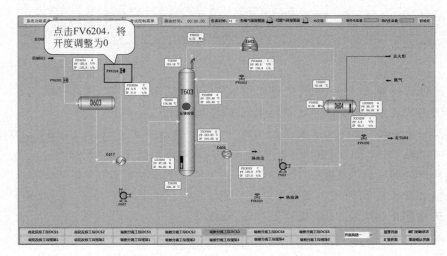

图 3-4-29

五、停抽余液塔 T602

① 关闭抽余液进缓冲罐 D601 流量控制阀 FV6101（图 3-4-30）。

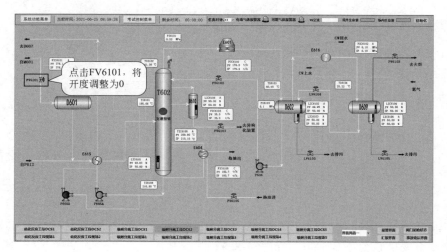

图 3-4-30

② 关闭抽余液进缓冲罐 D601 流量控制阀 FV6101 前后手阀 FV6101F、FV6101R。

③ 关闭抽余液塔 T602 进料阀门 XV6101。

④ 将抽余液塔 T602 塔底出料流量控制阀 FV6104 调手动全开（图 3-4-31）。

⑤ 将抽余液塔 T602 回流流量控制阀 FV6102 调手动全开（图 3-4-31）。

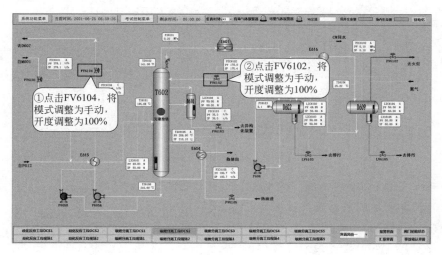

图 3-4-31

⑥ 关闭抽余液塔 T602 进异构化缓冲罐 D610 阀门 XV6110。

⑦ 关闭抽余液塔 T602 进异构化缓冲罐 D610 阀门 XV6109。

⑧ 将异构化缓冲罐出料流量控制阀 FV6103 调手动全开（图 3-4-32）。

⑨ 关闭热油进抽余液塔再沸器 E604 流量控制阀 FV6105（图 3-4-32）。

⑩ 关闭热油进抽余液塔再沸器 E604 流量控制阀 FV6105 前后手阀 FV6105F、FV6105R。

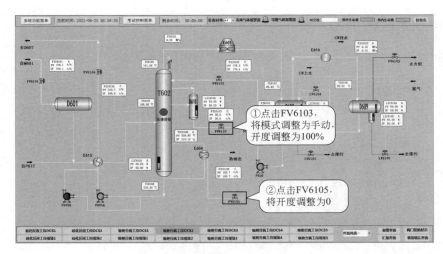

图 3-4-32

⑪ 当抽余液塔 T602 塔顶温度 TI6102 降至 100℃ 时，关闭塔顶出口阀门 XV6102。

⑫ 停抽余液塔顶空冷器 E601（图 3-4-33）。

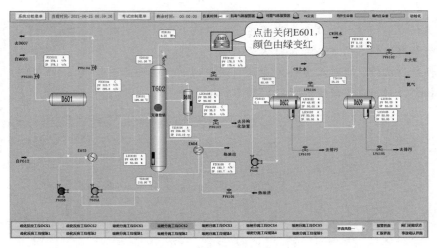

图 3-4-33

⑬ 全开放空罐 D609 烃类液位控制阀 LV6104（图 3-4-34）。

⑭ 全开抽余液塔脱水包液位控制阀 LV6103（图 3-4-34）。

⑮ 全开放空罐 D609 脱水包液位控制阀 LV6105（图 3-4-34）。

⑯ 当放空罐 D609 烃类液位 LIC6104 降至 0 时，关闭放空罐 D609 烃类液位控制阀 LV6104（图 3-4-35）。

⑰ 关闭放空罐 D609 烃类液位控制阀 LV6104 前后手阀 LV6104F、LV6104R。

⑱ 当液位 LIC6102 降至 0 时，关闭回流泵出口阀门 XV6106。

⑲ 停抽余液塔回流泵 P606（图 3-4-36）。

⑳ 关闭抽余液塔回流泵 P606 进口阀门 XV6105。

㉑ 当回流罐脱水包液位 LIC6103 降至 0 时，关闭液位控制阀 LV6103（图 3-4-37）。

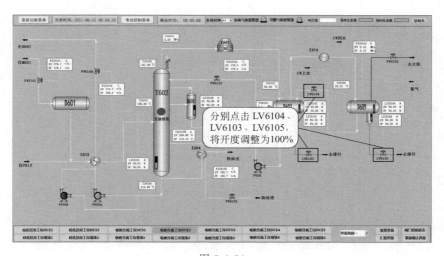

图 3-4-34

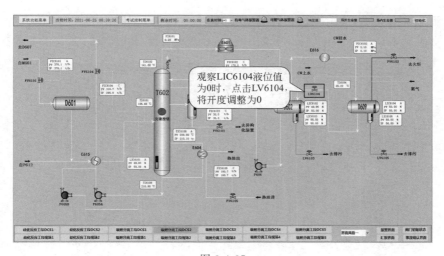

图 3-4-35

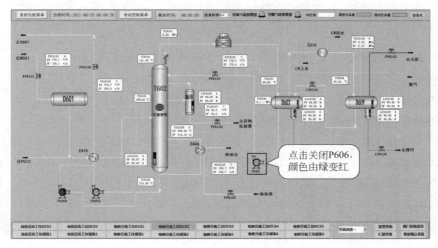

图 3-4-36

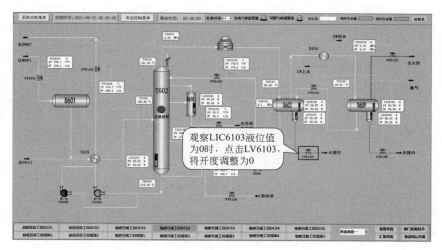

图 3-4-37

㉒ 关闭回流罐脱水包液位控制阀 LV6103 前后手阀 LV6103F、LV6103R。

㉓ 放空罐脱水包液位 LIC6105 降至 0 时，关闭液位控制阀 LV6105（图 3-4-38）。

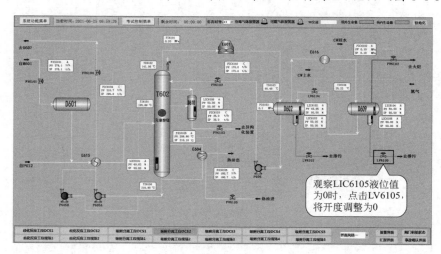

图 3-4-38

㉔ 关闭放空罐脱水包液位控制阀 LV6105 前后手阀 LV6105F、LV6105R。

㉕ 全开放空罐 D609 去火炬压力控制阀 PV6102（图 3-4-39）。

㉖ 当回流罐 D602 压力 PI6103 降至常压时，关闭气相出口阀门 XV6103。

㉗ 关闭抽余液塔后冷器 E616 循环急冷水上水阀门 XV6104。

㉘ 关闭放空罐 D609 去火炬压力控制阀 PV6102（图 3-4-40）。

㉙ 关闭放空罐 D609 去火炬压力控制阀 PV6102 前后手阀 PV6102F、PV6102R。

㉚ 关闭抽余液塔 T602 回流流量控制阀 FV6102（图 3-4-41）。

㉛ 关闭抽余液塔 T602 回流流量控制阀 FV6102 前后手阀 FV6102F、FV6102R。

㉜ 当抽余液塔 T602 塔釜液位 LIC6101 降至 0 时，关闭塔底泵出口阀门 XV6108A。

㉝ 关闭抽余液塔底泵 P605A（图 3-4-42）。

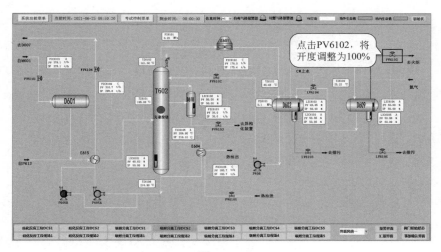

图 3-4-39

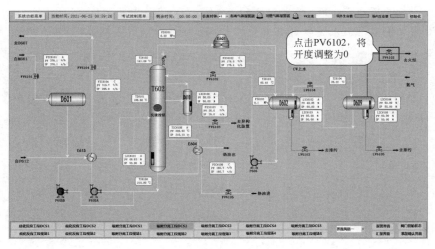

图 3-4-40

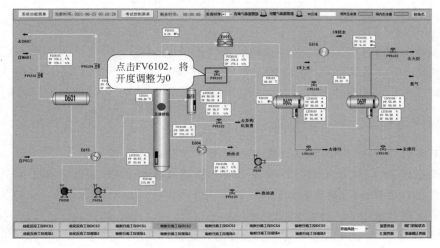

图 3-4-41

PX 芳烃一体化装置操作

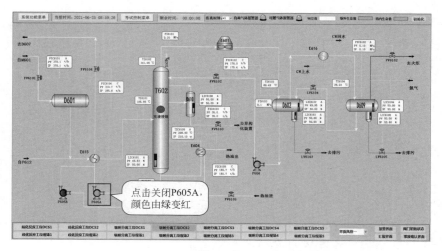

图 3-4-42

㉞ 关闭抽余液塔底泵 P605A 进口阀门 XV6107A。

㉟ 关闭抽余液塔 T602 塔釜出口流量控制阀 FV6104（图 3-4-43）。

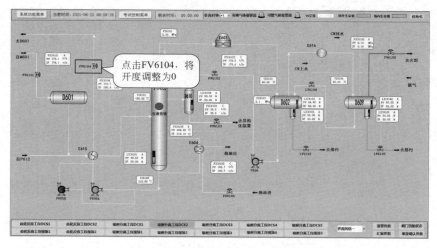

图 3-4-43

㊱ 关闭抽余液塔 T602 塔釜出口流量控制阀 FV6104 前后手阀 FV6104F、FV6104R。

㊲ 当液位 LIC6106 降至 0 时，关闭异构化缓冲罐出料流量控制阀 FV6103（图 3-4-44）。

㊳ 关闭异构化缓冲罐出料流量控制阀 FV6103 前后手阀 FV6103F、FV6103R。

六、吸附室停车

① 全开解吸剂缓冲罐 D607 出口流量控制阀 FV6303（图 3-4-45）。

② 当缓冲罐 D607 液位 LIC6403 降至 0 时，关闭吸收剂泵 P604 出口阀门 XV6402。

③ 停吸收剂泵 P604（图 3-4-46）。

④ 关闭吸收剂泵 P604 进口阀门 XV6401。

⑤ 关闭 D607 出口流量控制阀 FV6303（图 3-4-47）。

⑥ 关闭 D607 出口流量控制阀 FV6303 前后手阀 FV6303F、FV6303R。

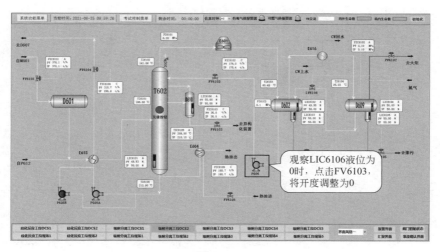

图 3-4-44

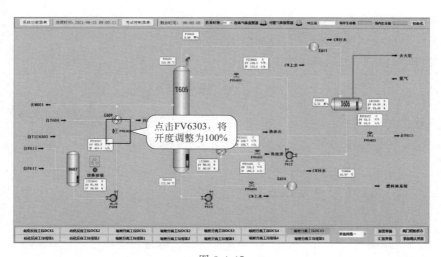

图 3-4-45

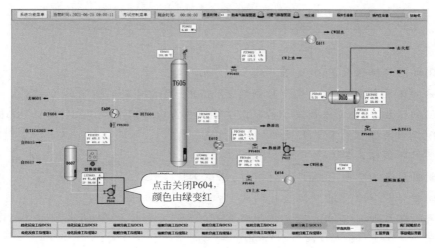

图 3-4-46

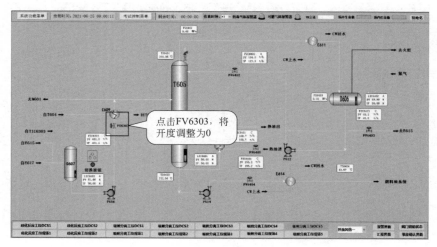

图 3-4-47

⑦ 关闭解吸剂缓冲罐 D607 返回集合管阀门 XV6404。

⑧ 关闭吸附塔循环泵 P601A 出口阀门 XV6002A。

⑨ 停吸附塔循环泵 P601A（图 3-4-48）。

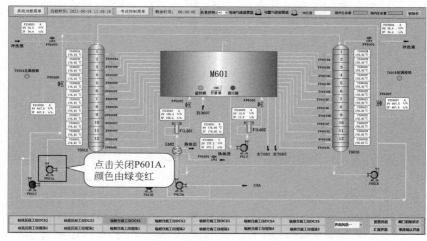

图 3-4-48

⑩ 关闭吸附塔循环泵 P601A 进口阀门 XV6001A。

⑪ 关闭循环泵 P601A 出口流量控制阀 FV6006（图 3-4-49）。

⑫ 关闭循环泵 P601A 出口流量控制阀 FV6006 前后手阀 FV6006F、FV6006R。

⑬ 关闭吸附塔循环泵 P601B 出口阀门 XV6002B。

⑭ 停吸附塔循环泵 P601B（图 3-4-50）。

⑮ 关闭吸附塔循环泵 P601B 进口阀门 XV6001B。

⑯ 关闭循环泵 P601B 出口流量控制阀 FV6007（图 3-4-51）。

⑰ 关闭循环泵 P601B 出口流量控制阀 FV6007 前后手阀 FV6007F、FV6007R。

⑱ 关闭冲洗泵 P613 出口阀门 XV6005。

⑲ 停冲洗泵 P613（图 3-4-52）。

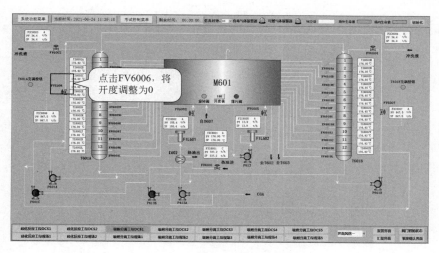

图 3-4-49

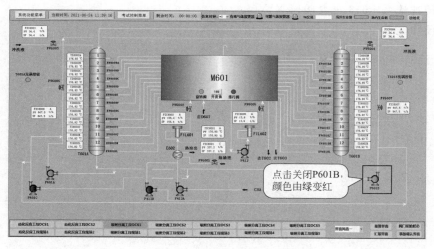

图 3-4-50

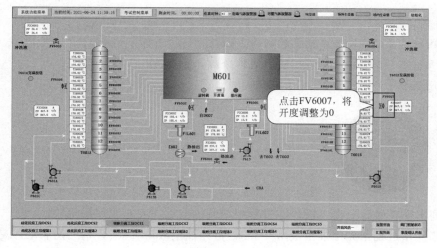

图 3-4-51

PX 芳烃一体化装置操作

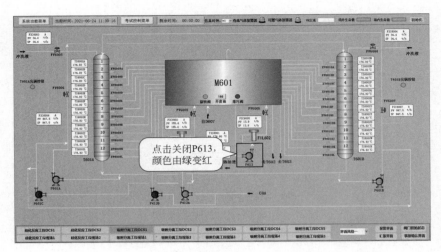

图 3-4-52

⑳ 关闭冲洗泵 P613 进口阀门 XV6004。

㉑ 关闭冲洗泵 P613 出口流量控制阀 FV6005（图 3-4-53）。

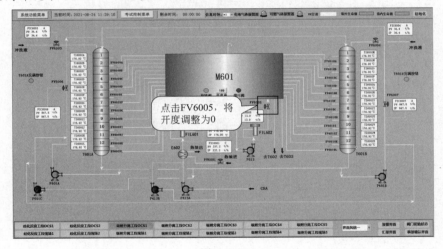

图 3-4-53

㉒ 关闭冲洗泵 P613 出口流量控制阀 FV6005 前后手阀 FV6005F、FV6005R。

㉓ 当吸附塔 T601A/B 各程控阀管线排净后，关闭 M601 旋转阀。

㉔ 关闭集合管 M601 放空阀门 XV6008。

1. 请列出你在吸附分离工段停车过程中遇到的问题，并写出解决措施。

2. 停车操作过程中先停抽出液塔 T603，再停抽余液塔 T602，请问两者顺序是否能够改变？为什么？

任务五
应急处理

任务描述

二甲苯吸附分离装置涉及的物料多，在正常生产过程中，由于各种原因往往会出现一些突发的故障，当事故一旦发生时，应当立即启动事故相应应急预案，或者采取有效措施组织抢救，防止事故扩大，减少人员伤亡和财产损失。因此，吸附分离工段装置发生故障时应如何处理，是本次任务需要学习的主要内容。

任务目标

👁 知识目标

（1）掌握危险源辨识的方法；

（2）了解吸附分离工段的危险因素；

（3）掌握吸附分离工段装置发生事故时如何处理。

👁 技能目标

（1）会熟练地应用危险源辨识方法；

（2）会处理吸附分离工段装置事故。

👁 素质目标

（1）培养独立思考、逻辑分析、自主学习的能力；

（2）提高小组合作、团队协作的能力；

（3）培养生产安全的意识和责任感。

活动 1：分析吸附分离工段对二甲苯生产过程的主要危险因素

查阅资料，分析吸附分离工段对二甲苯生产过程的主要危险因素体现在哪几个方面？

① _____

② _____

③ _____

④ _____

⑤ _____

⑥ _____

对二甲苯吸附分离装置内的主要物料为二甲苯、对二乙苯、苯等，这些物质均属于易燃易爆的危险品，易导致火灾、爆炸的发生，这是整个工艺系统的主要危险隐患。同时，该生产装置还有毒性、窒息危害，噪声危害，高处坠落危险，机械伤害，腐蚀危害，烫伤危害等，都可能对人体和企业的安全生产造成影响。

1. 毒性、窒息危害

对二甲苯吸附分离装置内的芳烃类物质都具有毒性，其汽化后若被人体吸入可造成神经系统麻痹、肠胃功能紊乱等，若人体长时间接触浓度达到一定限值时，会出现神经衰弱、紊乱以及白细胞下降等慢性中毒的症状，严重的可导致重度中毒，会有昏迷、震颤等现象的出现，甚至有呼吸困难、死亡的可能。生产过程中产生的苯、硫化氢等化学物质都是职业危害等级Ⅱ级以上的有毒物质，对人体的皮肤、眼睛、呼吸道都有很强的毒性危害，其职业接触限值为 $10mg/m^3$。吹扫容器、管线和对储罐进行封堵的氮气，因其无色无味易造成窒息死亡事故。

2. 噪声危害

在整套装置中有泵、空冷器、电动机等较多的动力设备会产生震动和噪声，其中机泵、空冷器等设备会产生持续性噪声，火炬、安全阀、蒸汽放空等会产生间歇性噪声，并且泵房、加热炉、空冷器都属于高噪声源。若工作人员的保护措施不足，长期在这种噪声环境下工作，会损害听力、影响中枢神经系统，导致工作人员心情烦躁、抑郁，甚至有失聪的可能。

3. 高处坠落危险

工作人员需对装置进行高处检修作业时，若爬梯、防护栏有缺陷或损坏，会有发生坠落事故的可能；冬天发生冻雨情况时，若工作人员安全意识不够、安全防护措施不到位，会有坠落的危险；若遇大风、雷电、暴雨等恶劣天气，贸然登高作业，也会导致工作人员有坠落的危险。

4. 机械伤害

PX 生产装置中有泵、压缩机、电动机等转动机械设备，若有机械故障、安全防护装置功能退化或损坏、操作人员违规操作等情况，易造成绞伤或打击伤害事故。起重机械及场内运输机械，若工作人员操作不规范，易发生砸伤、碰撞等事故。

5. 腐蚀危害

由于装置内物料的复杂性、腐蚀性易对设备造成腐蚀减薄和腐蚀穿孔等危害，物料高速流动和冲击会对设备造成冲刷腐蚀；设备在拉应力和腐蚀介质的作用下会产生应力腐蚀等。由于这些腐蚀造成设备破裂等问题极易导致物料泄漏事故的发生，进而造成火灾爆炸等重大事故。

6. 烫伤危害

PX 生产过程中有高温、高压等工艺条件，若工作人员有违规操作行为或存在保温层损坏、设备故障等情况，易造成高温烫伤事故的发生，这类危险因素主要出现在锅炉房等区域。

活动 2：吸附分离停电事故处置

吸附分离停电事故处置见表 3-5-1。

表 3-5-1 吸附分离停电事故处置

	事故处置	负责人
发现异常	①吸附装置进料泵 P413A 停泵报警；冲洗泵 P613 停泵报警；吸附塔循环泵 P601A 停泵报警；吸附塔循环泵 P601B 停泵报警；抽余液塔底泵 P605A、抽余液塔回流泵 P606 停泵报警；抽出液塔底泵 P607 停泵报警；抽出液塔回流泵 P609 停泵报警；成品塔底泵 P610A 停泵报警；成品塔回流泵 P611 停泵报警；吸收剂泵 P604 停泵报警；解吸剂再蒸馏塔底泵 P614 停泵报警；解吸剂再蒸馏塔回流泵 P612 停泵报警	外操（P）
	②成品塔顶空冷器停风机报警；抽出液塔顶空冷器停风机报警；抽余液塔顶空冷器 E601 停风机报警	外操（P）
现场确认、报告	现场确认有①所述事故现象，通知内操	外操（P）
	DCS 界面确认有①、②报警信号	内操（I）
	在 HSE 事故确认界面，选择"吸附分离停电"按钮进行事故汇报	内操（I）
事故处置步骤	联系调度室了解外界情况	班长（M）
	收到，界区外操检查现场，汇报现场具体情况	调度室（C）
	外界供电系统出现故障，备用电源无法启动	外操（P）
	收到，供电系统故障，备用电源无法启动，立即启动停电事故应急处理预案，调度室及时通知装置领导	班长（M）
	收到	调度室（C）
	收到	内操（I）
	关闭热油进抽余液塔再沸器 E604 流量控制阀 FV6105	内操（I）
	关闭热油进抽出液塔再沸器 E606 流量控制阀 FV6203	内操（I）

	事故处置	负责人
事故处置步骤	关闭中压蒸汽进成品塔蒸汽再沸器 E618 流量控制阀 FV6304	内操（I）
	关闭成品塔再沸器 E609 流量控制阀 FV6303	内操（I）
	关闭热油进解吸剂再蒸馏塔再沸器 E610 流量控制阀 FV6401	内操（I）
	汇报班长"各再沸器热源已切断"	内操（I）
	关闭吸附装置进料泵 P413A 出口阀门 XV4002A	外操（P）
	关闭冲洗泵 P613 出口阀门 XV6005	外操（P）
	关闭吸附塔循环泵 P601A 出口阀门 XV6002A	外操（P）
	关闭吸附塔循环泵 P601B 出口阀门 XV6002B	外操（P）
	关闭抽余液塔底泵 P605A 出口阀门 XV6108A	外操（P）
	关闭抽余液塔回流泵 P606 出口阀门 XV6106	外操（P）
	关闭抽出液塔底泵 P607 出口阀门 XV6208	外操（P）
	关闭抽出液塔回流泵 P609 出口阀门 XV6206	外操（P）
	关闭成品塔底泵 P610A 出口阀门 XV6307A	外操（P）
	关闭成品塔回流泵 P611 出口阀门 XV6305	外操（P）
	关闭吸收剂泵 P604 出口阀门 XV6402	外操（P）
	关闭解吸剂再蒸馏塔底泵 P614 出口阀门 XV6412	外操（P）
	关闭解吸剂再蒸馏塔回流泵 P612 出口阀门 XV6410	外操（P）
	汇报调度室"各再沸器热源已切断，各泵出口阀门已关闭，请尽快确定供电恢复时间"	班长（M）

活动 3：吸附分离蒸汽故障事故处置

吸附分离蒸汽故障事故处置见表 3-5-2。

表 3-5-2　吸附分离蒸汽故障事故处置

	事故处置	负责人
发现异常	①蒸汽进成品塔蒸汽再沸器 E618 流量计 FIC6304 示数为零	外操（P）
	②成品塔 T604 灵敏板温度 TIC6303 低温报警（报警值140℃）	外操（P）
现场确认、报告	现场确认有①所述事故现象，通知内操	外操（P）
	DCS 界面确认有①、②报警信号	内操（I）
	在 HSE 事故确认界面，选择"吸附分离蒸汽故障"按钮进行事故汇报	内操（I）
事故处置步骤	联系调度室了解外界情况	班长（M）
	收到，界区外操检查现场，汇报现场具体情况	调度室（C）
	外界蒸汽系统出现故障，暂无法恢复	外操（P）
	收到，蒸汽系统故障，立即启动蒸汽故障事故应急处理预案，调度室及时通知装置领导	班长（M）
	收到	调度室（C）

续表

事故处置		负责人
事故处置步骤	收到	内操（I）
	关闭成品塔底泵 P610A 出口阀门 XV6307A	外操（P）
	停成品塔底泵 P610A	外操（P）
	汇报主操"成品塔底泵已关闭"	外操（P）
	关闭成品底泵出口流量控制阀 FV6305	内操（I）
	关闭成品塔顶粗甲苯采出流量控制阀 FV6302	内操（I）
	关闭抽出液塔顶进成品塔流量控制阀 FV6205	内操（I）
	汇报班长"成品塔顶出料及进料线已关闭"	内操（I）
	汇报调度室"成品塔进料线及采出线已停止，进行全回流操作，请尽快查明蒸汽中断原因及恢复时间"	班长（M）

活动 4：吸附装置进料泵故障事故处置

吸附装置进料泵故障事故处置见表 3-5-3。

表 3-5-3　吸附装置进料泵故障事故处置

事故处置		负责人
发现异常	①吸附装置进料泵 P413A 停泵	外操（P）
	②DCS 界面吸附装置进料泵 P413 停泵报警	外操（P）
	③吸附装置进集合管 M601 流量计 FIC6002 示数为零	外操（P）
现场确认、报告	现场确认有①、③所述事故现象，通知内操	外操（P）
	DCS 界面确认有①、②、③报警信号	内操（I）
	在 HSE 事故确认界面，选择"吸附装置进料泵故障"按钮进行事故汇报	内操（I）
事故处置步骤	联系外操检查进料泵情况	班长（M）
	收到，吸附装置进料泵 P413A 故障	外操（P）
	收到，立即启动吸附装置进料泵故障事故应急处理预案，准备切泵操作	班长（M）
	收到	外操（P）
	打开吸附装置进料泵 P413B 进口阀门 XV4001B	外操（P）
	启动吸附装置进料泵 P413B	外操（P）
	打开吸附装置进料泵 P413B 出口阀门 XV4002B	外操（P）
	关闭吸附装置进料泵 P413A 出口阀门 XV4002A	外操（P）
	关闭吸附装置进料泵 P413A 进口阀门 XV4001A	外操（P）
	汇报班长"吸附装置进料泵已切换备用泵完成"	外操（P）
	汇报调度室"吸附装置进料泵已完成切换备用操作，请组织人员对事故泵进行检修"	班长（M）

    1.结合对二甲苯装置吸附分离工段的实际运行状况，概述其存在的危险源并进行风险分析。

    2.简述危险化学品泄漏及人员中毒应急处理流程。

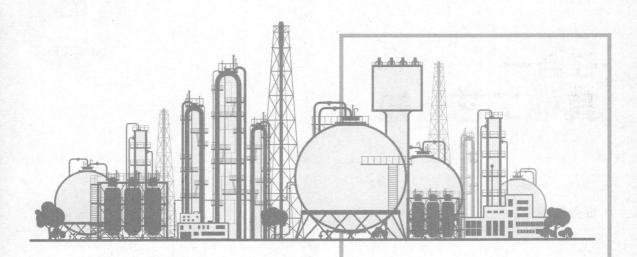

吸附分离的原料是混合 C_8 芳烃（C_8A），吸附分离工艺采用液体和固体逆流接触的模拟移动床工艺，利用一种分子筛吸附剂对 C_8 芳烃异构体中 PX 的优先选择能力，使之在吸附室内与混合二甲苯逆流接触，同时进行反复多次的传质过程，使 PX 在吸附剂上逐步提浓，并利用解吸剂把 PX 从吸附剂上解吸出来，得到的抽出液经过精馏生产出高纯度的 PX，把贫 PX 的物料送入异构化单元，解吸剂循环使用。

解吸剂在分子筛吸附剂上的吸附顺序为：水＞苯＞对二甲苯＞对二乙苯＞甲苯＞乙苯＞邻二甲苯＞间二甲苯，从吸附能力选择性来看，对二乙苯和甲苯都适合当解吸剂。模块二中吸附分离工段用到的吸附剂是对二乙苯，如果采用甲苯作解吸剂，工艺会发生什么变化？应该从哪几方面来考虑？

模块四

其他工艺
认知与操作

任务一
其他工艺认知

吸附分离采用不同的解吸剂，工艺会发生很大的变化，当用对二乙苯作为解吸剂时，由于对二乙苯沸点比二甲苯沸点高，在精馏塔中从塔釜采出；而用甲苯作解吸剂时，由于甲苯沸点比二甲苯低，会在精馏塔的塔顶蒸出，工艺会发生什么变化呢？由于甲苯沸点比对二乙苯沸点低，另外甲苯也是歧化和烷基转移反应的原料，所以在整个操作过程中不仅能够节能，也能够实现物料的循环利用。

任务目标

◉ 知识目标

（1）在掌握吸附分离工艺原理的基础上，根据装置工艺流程图，明确各设备的作用、结构及原理；

（2）根据工艺流程图，认知阀门、仪表等部件，并了解作用。

◉ 技能目标

（1）会熟练地识别和绘制工艺流程示意图；

（2）会识别并绘制带控制点的工艺流程图。

◉ 素质目标

（1）培养独立思考、逻辑分析、自主学习的能力；

（2）提高小组合作、团队协作的能力；

（3）培养创新能力，提高环保、节能的意识。

活动 1: 设计用甲苯作解吸剂时的工艺流程方框图

根据模块二中吸附分离原理的学习，模块二中吸附分离的解吸剂是对二乙苯，如果解吸剂改为甲苯，工艺会有什么变化？按照图 3-1-3 用对二乙苯作解吸剂时的工艺流程方框图，设计用甲苯作解吸剂时的工艺流程方框图。

活动 2: 填写工艺装置设备表

如图 4-1-1 是用甲苯作解吸剂时的工艺流程图，小组讨论该工艺装置共有哪些主要设备，各种设备的作用分别是什么，设备应由哪些部件组成及各设备出入口物料的主要组分是什么，完成表 4-1-1。

表 4-1-1　工艺装置设备表

序号	设备名称	入口物料的主要组分	出口物料的主要组分	设备主要作用
1				
2				
3				
4				
5				
6				
7				
8				
9				

活动 3: 写出部分物料走向

按照工艺流程图 4-1-1 叙述工艺流程，并写出部分物料的走向。

写出流程中对二甲苯、解吸剂的流向。

对二甲苯流向：转阀→_____→_____→_____→_____→_____→对二甲苯出装置

解吸剂流向：转阀→_____→_____→_____→_____→_____→

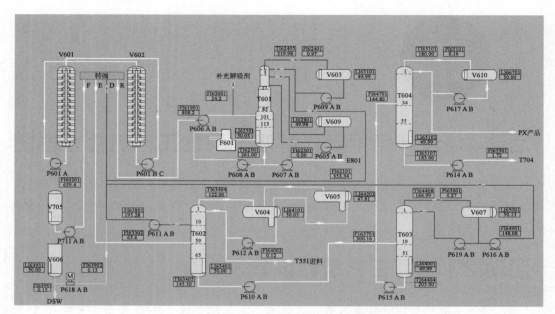

图 4-1-1　用甲苯作解吸剂的吸附分离工艺流程图

1.结合活动 3，写出解吸剂的其他流向。

解吸剂流向：转阀→_____→_____→_____→_____→_____

2.对比模块二中用对二乙苯作解吸剂的工艺流程，如果解吸剂改为甲苯，分析这会对设备、能量消耗、原料、环保方面有什么影响。

任务二
其他工艺操作

任务描述

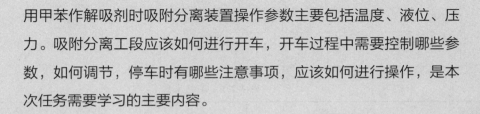

用甲苯作解吸剂时吸附分离装置操作参数主要包括温度、液位、压力。吸附分离工段应该如何进行开车，开车过程中需要控制哪些参数，如何调节，停车时有哪些注意事项，应该如何进行操作，是本次任务需要学习的主要内容。

任务目标

👁 知识目标

（1）掌握影响操作的工艺参数及调节方法；

（2）熟悉开停车操作规程，并能够进行开车操作。

👁 技能目标

（1）能够熟练地识别仪表位号；

（2）能够分析影响参数的因素，找出原因并进行调节。

👁 素质目标

（1）培养按章操作的能力，增强职业精神；

（2）提高分析问题并解决问题的能力。

活动1：写出冷态开车流程

M4-1　对二甲苯
吸附分离工段
开车介绍

根据冷态开车操作规程，总结并完成冷态开车操作的九个过程，并将正确的仪表位号填入表 4-2-1 中相应的位置。

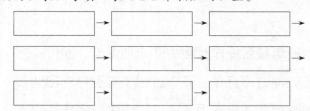

表 4-2-1　工艺卡片

序号	工位点描述		仪表位号	单位	设计值	控制值	备注
1	抽余液塔 （T601）	进料温度	TI62504	℃	236	234～238	
2		塔顶温度		℃	220	219～221	
3		塔顶压力		MPa	0.97	0.95～0.99	
4		塔底温度		℃	261	259～263	
5		塔底液位		%	50	40～60	
6		回流罐温度		℃	214	212～216	
7		回流罐液位		%	50	40～60	
8		回流比（R/F）			1.92	1.92±0.1	
9	1#抽出液塔 （T602）	进料温度		℃	137	135～139	
10		塔顶温度		℃	122	121～123	
11		塔顶压力		MPa	0.04	0.03～0.05	
12		塔底温度		℃	145	143～147	
13		塔底液位		%	50	40～60	
14		回流罐温度		℃	114	112～116	
15		回流罐液位		%	50	40～60	
16		回流比（R/F）			1	1.0±0.1	
17	2#抽出液塔 （T603）	进料温度		℃	190	188～192	
18		塔顶温度		℃	167	166～168	
19		塔顶压力		MPa	0.29	0.27～0.31	
20		塔底温度		℃	205	203～207	

续表

序号	工位点描述		仪表位号	单位	设计值	控制值	备注
21	2#抽出液塔 （T603）	塔底液位		%	50	40～60	
22		回流罐温度		℃	149	147～151	
23		回流罐液位		%	50	40～60	
24		回流比（R/F）			1.6	1.6±0.1	
25	对二甲苯塔 （T604）	进料温度		℃	174	172～176	
26		塔顶温度		℃	171	170～172	
27		塔顶压力		MPa	0.12	0.1～0.14	
28		塔底温度		℃	183	181～185	
29		塔底液位		%	50	40～60	
30		回流罐温度		℃	171	169～173	
31		回流罐液位		%	50	40～60	
32		回流比（R/F）			1.5	1.5±0.1	

活动 2：冷态开车过程异常情况分析处置

根据冷态开车操作规程进行 DCS 仿真系统的冷态开车操作，并分析和处理操作过程中出现的异常现象，做好记录。

M4-2 冷态开车
操作规程

活动 3：正常停车过程异常情况分析处置

根据正常停车操作规程，进行 DCS 仿真系统的正常停车操作，并分析和处理操作过程中出现的异常现象，做好记录。

M4-3 正常停车
操作规程

活动 4： DCS 仿真系统部分故障处置

根据故障处理操作规程，总结故障处理的方法，并进行 DCS 仿真系统的故障处理操作，做好记录。

M4-4 故障处理
操作规程

1. 为什么对二甲苯塔的塔底温度控制在 181～185℃？温度波动会产生什么影响？

2. 对比模块二中用对二乙苯作解吸剂的开车过程，用甲苯作解吸剂对开车过程有什么影响？

参考文献

[1] 于政锡，徐庶亮，张涛，等. 对二甲苯生产技术研究进展及发展趋势[J]. 化工进展，2020，39(12)：4984-4992.

[2] 白雪峰，张岳斌，赵建国，等. 国内对二甲苯产业链发展路径研究[J]. 聚酯工业，2022，35(2)：1-9.

[3] 张立科. 对二甲苯(PX)生产工艺技术进展[J]. 山东化工，2020，49：70-73.

[4] 崔小明. 国内外对二甲苯产业现状及发展展望[J]. 石油化工技术与经济，2019，35(1)：6-11.

[5] 康承琳，周震寰，王京，等. 生产对二甲苯的异构化技术发展趋势[J]. 石油炼制与化工，2019，50(2)：106-110.

[6] 何小荣. 石油化工生产技术[M]. 北京：化学工业出版社，2019.

[7] 朱宁，李林明，杨彦强，等. 对二甲苯吸附分离工艺模型建立与冲洗方式的优化计算[J]. 石油炼制与化工，2021，52(9)：83-89.

[8] 李忠才，范能全，郭振宇. 对二甲苯分离技术进展[J]. 浙江化工，2018，49(7)：4-5.

[9] 胡洁，杨玉敏. 混合二甲苯分离技术研究进展[J]. 广州化工，2014，42(19)：29-30.